U0247156

重点领域气候变化影响与风险丛书

气候变化影响与风险

气候变化对农业影响与风险研究

马欣 程琨 李迎春 张雪艳 等 著

"十二五"国家科技支撑计划项目

科学出版社

北京

内 容 简 介

本书系统评价了气候变化对我国农业的影响,预估了未来 30 年的农业生产风险,分析了气候变化条件下小麦、水稻、玉米三大主粮作物的产量变化,分析了气候变化新增气候资源带来的农业多熟制增长潜力,识别了我国多熟制农业对新增气候资源的实际利用情况,评估了气候变化对我国农业气象灾害的影响,预测了气候变化对小麦、水稻、玉米的主要病虫害的影响。

本书可供农业、气候、环境、政策等领域的科研和教学人员参考,也可供农业部门和地方管理部门使用。

图书在版编目(CIP)数据

气候变化影响与风险. 气候变化对农业影响与风险研究/马欣等著.
—北京:科学出版社,2021.3
（重点领域气候变化影响与风险丛书)

ISBN 978-7-03-068242-0

Ⅰ. ①气… Ⅱ. ①马… Ⅲ. ①气候变化–影响–农业生产–风险管理–研究 Ⅳ. ①P467②F304

中国版本图书馆 CIP 数据核字（2021）第 042294 号

责任编辑:李秋艳 朱 丽 张力群/责任校对:何艳萍
责任印制:吴兆东/封面设计:图阅社

科 学 出 版 社 出版
北京东黄城根北街 16 号
邮政编码:100717
http://www.sciencep.com

北京虎彩文化传播有限公司 印刷
科学出版社发行 各地新华书店经销
*
2021 年 3 月第 一 版 开本:787×1092 1/16
2022 年 4 月第二次印刷 印张:9
字数:213 000

定价:109.00 元
（如有印装质量问题,我社负责调换）

本书作者

程　琨　胡　高　李保平　李春蕾

李迎春　刘玉洁　马　欣　孟　玲

潘根兴　王翠花　熊　伟　于　爽

张雪艳

总　　序

气候变化是当今人类社会面临的最严重的环境问题之一。自工业革命以来，人类活动不断加剧，大量消耗化石燃料，过度开垦森林、草地和湿地土地资源等，导致全球大气中 CO_2 等温室气体浓度持续增加，全球正经历着以变暖为主要特征的气候变化。政府间气候变化专门委员会（IPCC）第五次评估报告显示，1880～2012 年，全球海陆表面平均温度呈线性上升趋势，升高了 0.85℃；2003～2012 年平均温度比 1850～1900 年平均温度上升了 0.78℃。全球已有气候变化影响研究显示，气候变化对自然环境和生态系统的影响广泛而又深远，如冰冻圈的退缩及其相伴而生的冰川湖泊的扩张；冰雪补给河流径流增加、许多河湖由于水温增加而影响水系改变；陆地生态系统中春季植物返青、树木发芽、鸟类迁徙和产卵提前，动植物物种向两极和高海拔地区推移等。研究还表明，如果未来气温升高 1.5～2.5℃，全球目前所评估的 20%～30%的生物物种灭绝的风险将增大，生态系统结构、功能、物种的地理分布范围等可能出现重大变化。由于海平面上升，海岸带环境将会有较大风险，盐沼和红树林等海岸湿地受海平面上升的不利影响，珊瑚受气温上升影响更加脆弱。

中国是受气候变化影响最严重的国家之一，生态环境与社会经济的各个方面，特别是农业生产、生态系统、生物多样性、水资源、冰川、海岸带、沙漠化等领域受到的影响显著，对国家粮食安全、水资源安全、生态安全保障构成重大威胁。因此，在生产力布局、基础设施、重大项目规划设计和建设中，需要充分考虑气候变化因素。自然环境和生态系统是整个国民经济持续、快速、健康发展的基础，在国家经济建设和可持续发展中具有不可替代的地位。伴随着气候变化对自然环境和生态系统重点领域产生的直接或间接不利影响，我国社会经济可持续发展面临着愈来愈紧迫的挑战。中国正处于经济快速发展的关键阶段，气候变化和极端气候事件增加，与气候变化相关的生态环境问题愈来愈突出，自然灾害发生频率和强度加剧，给中国社会经济发展带来诸多挑战，对人民生活质量乃至民族的生存构成严重威胁。

应对气候变化行动，需要对气候变化影响、风险及其时空格局有全面、系统、综合的认识。2014 年 3 月政府间气候变化专门委员会（IPCC）正式发布的第五次评估第二工作组报告《气候变化 2014：影响、适应和脆弱性》基于大量的最新科学研究成果，以气候风险管理为切入点，系统评估了气候变化对全球和区域水资源、生态系统、粮食生产和人类健康等自然系统和人类社会的影响，分析了未来气候变化的可能影响和风险，进而从风险管理的角度出发，强调了通过适应和减缓气候变化，推动建立具有恢复力的可持续发展社会的重要性。需要特别指出的是，在此之前，由 IPCC 第一工作组和第二工作组联合发布的《管理极端事件和灾害风险推进气候变化适应》特别报告也重点强调了风险管理对应对气候变化的重要性。然而，我国以往研究由于资料、模型方法、时空尺度缺乏可比性，导致目前尚未形成对气候变化对我国重点领域影响与风险的整体认识。《气候变化国家评估报告》、《气候变化国家科学报告》和《气候变化国家信息通报》的评估结果显示，目前我国气候变化影响与风险研究比较分散，对过去影响评估较少，未来风险评估薄弱，气候变化影响、脆弱性和风险的综合评估技术方法落后，更缺乏全国尺度多领域的系统综合评估。

　　气候变化影响和风险评估的另外一个重要难点是如何定量分离气候与非气候因素的影响，这个问题也是制约适应行动有效开展的重要瓶颈。由于气候变化影响的复杂性，同时受认识水平和分析工具的限制，目前的研究结果并未有效分离出气候变化的影响，导致我国对气候变化影响的评价存在较大的不确定性，难以形成对气候变化的影响的统一认识，给适应气候变化技术研发与政策措施制定带来巨大的障碍，严重制约着应对气候变化行动的实施与效果，迫切需要开展气候与非气候影响因素的分离研究，客观认识气候变化的影响与风险。

　　鉴于此，科技部接受国内相关科研和高校单位的专家建议，酝酿确立了"十二五"应对气候变化主题的国家科技支撑计划项目。中国科学院作为全国气候变化研究的重要力量，组织了由中国科学院地理科学与资源研究所作为牵头单位，中国环境科学研究院、中国林业科学研究院、中国农业科学院、国家海洋环境预报中心、兰州大学等16家全国高校、研究所参加的一支长期活跃在气候变化领域的专业科研队伍。经过严格的项目征集、建议、可行性论证、部长会议等环节，"十二五"国家科技支撑计划项目"重点领域气候变化影响与风险评估技术研发与应用"于2012年1月正式启动实施。

　　项目实施过程中，这支队伍兢兢业业、协同攻关，在重点领域气候变化影响评估与风险预估关键技术研发与集成方面开展了大量工作，从全国尺度，比较系统、定量地评估了过去50年气候变化对我国重点领域影响的程度和范围，包括农业生产、森林、草地与湿地生态系统、生物多样性、水资源、冰川、海岸带、沙漠化等对气候变化敏感，并关系到国家社会经济可持续发展的重点领域，初步定量分离了气候和非气候因素的影响，基本揭示了过去50年气候变化对各重点领域的影响程度及其区域差异；初步发展了中国气候变化风险评估关键技术，预估了未来30年多模式多情景气候变化下，不同升温程度对中国重点领域的可能影响和风险。

　　基于上述研究成果，本项目形成了一系列科技专著。应对气候变化工作任重而道远，本系列专著的发表为进一步实施适应气候变化行动奠定了坚实的基础，可为国家应对气候变化宏观政策制定、环境外交与气候谈判、保障国家粮食、水资源及生态安全，以及促进社会经济可持续发展提供重要的科技支撑。

2016 年 5 月

前　言

农业是气候变化最敏感的领域之一。气候变化对我国农业会产生或利或弊的影响，但以不利影响为主，并因作物种类、区域、环境条件等因素的不同而异。气候变化会造成我国大多数主要作物水分亏缺、生育期缩短、产量下降、作物布局改变、复种指数提高、农业气象灾害频繁。未来气候变化给我国不同地域的农业生产带来风险，农业生产的不稳定性加大。

农业种植制度是我国农业发展的全局性安排，而气候变化对农业熟制具有重要的影响。1950 年以来，我国耕地面积由 1992 年最高峰的 1.244 亿 hm^2 减少到 2009 年的 1.1 亿 hm^2；全国人均耕地面积由 0.144hm^2 减少到 0.075hm^2。多熟制的广泛运用，在很大程度上弥补了我国耕地面积有限，人均耕地面积不足的问题。总体来说，我国多熟制农业生产相当于增加了 3400 万 hm^2 的耕地，多生产了 1.5 亿 t 粮食。在全球气候变化背景下，中高纬度地区热量资源的升高，适宜作物种植和多熟种植的北界已明显北移，但农业熟制形成与发展过程受到自然因素和社会经济因素的共同制约。全面系统评估气候变化对我国农业熟制的影响，为正确认识气候变化对我国农业生产的影响，制定农业应对气候变化政策和战略提供科技支撑。

我国地处东亚季风区，是农业气象灾害多发地区，干旱、洪涝、霜冻、冰雹等气象灾害频繁发生。据统计，我国每年气象灾害及其衍生灾害占自然灾害导致损失的 60%以上。每年农业受灾面积高达 5000 万～5500 万 hm^2，占农作物总播面积的 30%～35%；而其中 700 万～1000 万 hm^2 的农田由于农业气象灾害的影响绝收。气象灾害已成为我国农业大幅度减产和粮食产量波动的重要因素。开展农业气象灾害风险分析，掌握气象灾害的特点和发生规律，对于预防气象灾害、避免农作物因灾害造成损失和保障农业生产具有十分重要的意义。因此，对主要农业气象灾害的动态变化及其区域分布特征进行分析，并对主要农业气象灾害成灾面积风险进行评价，可为我国农业防灾减灾措施的制定提供依据。

生物灾害是农作物生产过程中的主要胁迫因素之一。从全球农业生产估计，病、虫、草害给农作物产值造成约 30%以上的损失，我国农作物病、虫、草害现状与该估计值接近。自 20 世纪 50 年代以来，我国病、虫、草害发生面积呈逐年增加趋势，这一发生趋势与气候变化不无关系。因此，预测气候变化对农业的影响，必须考虑作物病、虫、草害等有害生物的胁迫影响。根据害虫生理生态特性对病、虫害的发生性质进行预测，采用生物气候包络模型对害虫分布区范围进行预测，根据害虫发育与温度的关系对害虫发生世代数进行预测，可为应对气候变化影响农业有害生物的综合防治策略提供参考依据。

本书在国家科技支撑计划课题"气候变化对农业影响与风险评估技术"（2012BAC19B01）和中国清洁发展机制基金项目"典型国家适应气候变化方案研究与中国适应策略和行动方案"（2013034）有关研究成果基础上撰写。中国农业科学院农业环境与可持续发展研究所、南京农业大学、中国科学院地理科学与资源研究所、中国林业科学院森林生态环境与保护研究所的科研人员共同完成撰写工作。第1章气候变化对农业影响与风险时空格局由熊伟、李迎春和刘玉洁共同完成；第2章气候变化对农业熟制的影响与风险时空格局由马欣、张雪艳、李春蕾和于爽共同完成；第3章气候变化对我国农业灾害的影响与风险评估由潘根兴和程琨共同完成；第4章未来气候变化下农作物病虫害发生的风险评估由王翠花、孟玲、胡高和李保平共同完成。全书由马欣统稿。衷心感谢中国科学院地理科学与资源研究所吴绍洪研究员对本书的指导，感谢科学出版社李秋艳编辑为本书的出版做了大量细致的工作。

希望本书的出版，能给读者带来帮助和有益的启迪。因作者水平有限，书中难免出现错误和不足，敬请批评指正。

作　者

2020年10月于北京

目　　录

第1章　气候变化对农业影响与风险时空格局

农业是气候变化最敏感的领域之一。气候变化对我国农业会产生或利或弊的影响，但基本上是以不利影响为主，并由于作物种类、区域、环境条件等因素的不同而不同。中国是一个农业大国，也是一个人口大国，农业生产特别是粮食生产直接关系到社会的稳定和可持续发展。气候变化会造成我国大多数主要作物水分亏缺、生育期缩短，产量下降，并使我国现行的农业种植制度发生改变，如复种指数提高，作物布局发生改变。未来农业气象灾害会更加频繁，农业生产的不稳定性加大；未来气候变化对我国不同地域的农业生产将产生不同的影响。

1.1　1981～2007 年气候变化对农业生产影响的时空格局

1.1.1　1981～2007 年气候变化对我国主要作物生育期的影响

1. 1981～2007 年气候变化对我国水稻生育期的影响

从表 1-1 的各省（自治区、直辖市）数据来看，绝大部分省（自治区、直辖市）（除贵州和西藏）水稻生育期平均温度均呈显著上升趋势，变化幅度在 0.1～0.8℃/10a 之间，集中于 0.3～0.5℃/10a，其中华东地区的上海、江苏等省（直辖市）上升速度较快，达 0.6℃/10a 以上，这可能与该地区快速城市化有一定关系，云南、广西、海南等省上升速率相对较慢。大多数省（自治区、直辖市）最高温度、最低温度也发生显著变化，且最高温度变化幅度较最低温度变化幅度明显。受最高温度、最低温度变化的影响，日较差变化各省（自治区、直辖市）有增有减，但趋势不明显，在变化达显著的省份中，重庆、浙江、四川、湖南等水稻面积较大的省（直辖市）以日较差上升为主。辐射量的变化有增有减，绝大部分省份趋势不明显。

在计算气候因子变化显著的水稻种植区域面积占全国水稻播种面积的比例时发现，平均温度、最高温度、最低温度显著上升（$P<0.05$）的面积比例（分别为 85.2%、83.5% 和 74.6%）均高于显著下降的比例（分别为 6.7%、14.3% 和 4.6%），仅有少部分种植区这 3 个气候因子的变化未达到极显著水平（表 1-2）。3 个气候因子相比，最高温度显著

变化的区域最普遍，面积比例最大，在一定程度上说明 1981～2007 年水稻生产中极端高温事件的概率有所增加，极端高温事件导致热害风险增大。全国水稻种植区的日较差变化达极显著水平的约占 45.9%，以增大为主。而辐射量发生显著变化的区域较少，不超过 15%，其中显著上升与显著下降的比例相当。

表 1-1 1981～2007 年水稻种植区域水稻生育期内各气候因子的变化趋势

区域	省份	平均温度/(℃/10a)	最高温度/(℃/10a)	最低温度/(℃/10a)	日较差/(℃/10a)	辐射量/(J/10a)
华北	北京	0.36*	0.23	0.48**	−0.25*	−157.2**
	天津	0.40**	0.31	0.48**	−0.16	−185.6**
	河北	0.39**	0.28	0.51**	−0.23*	−146.0**
	山西	0.51**	0.47**	0.54**	−0.07	−86.4*
	内蒙古	0.56**	0.64**	0.48**	0.15	28.2
东北	辽宁	0.45**	0.41*	0.48**	−0.07	−10.0
	吉林	0.47**	0.50**	0.45**	0.06	−8.3
	黑龙江	0.48**	0.50**	0.46**	0.04	23.0
华东	上海	0.74**	0.79**	0.68**	0.11	−8.6
	江苏	0.60**	0.58**	0.62**	−0.04	−43.3
	浙江	0.57**	0.76**	0.37**	0.39**	2.2
	安徽	0.50**	0.57**	0.43**	0.14	−32.8
	福建	0.27**	0.37**	0.17	0.20*	−34.1
	江西	0.31**	0.40**	0.23*	0.17	−34.9
	山东	0.34**	0.21	0.47**	−0.26*	−138.9**
华中	河南	0.37**	0.37*	0.37**	−0.01	−86.1*
	湖北	0.50**	0.56**	0.43**	0.13	−52.5
	湖南	0.34**	0.41**	0.26**	0.15*	−11.9
华南	广东	0.29**	0.35**	0.22**	0.13*	−6.7
	广西	0.20*	0.21*	0.18*	0.03	−17.6
	海南	0.24**	0.18*	0.29**	−0.11*	−41.8
西南	重庆	0.40**	0.60*	0.20*	0.39**	56.3
	四川	0.48**	0.66**	0.30**	0.37**	29.2
	贵州	0.17	0.24	0.10	0.13	−36.6
	云南	0.19*	0.1	0.27**	−0.16	−13.0
	西藏	0.19	−0.1	0.47**	−0.57**	−112.4**
西北	陕西	0.51**	0.70**	0.32**	0.38*	50.7
	甘肃	0.58**	0.62**	0.53**	0.08	49.8
	青海	0.62**	0.72**	0.52**	0.20	−20.0
	宁夏	0.57**	0.54**	0.61**	−0.07	2.0
	新疆	0.36**	0.23	0.50**	−0.27**	9.3
全国		0.39**	0.46**	0.32**	0.14*	−19.7

*在 95%置值区间内显著，**在 99%置值区间内显著，本书下同

表 1-2　气候因子显著变化的水稻种植面积占全国水稻面积比例　　　（单位：%）

变化趋势	平均温度	最高温度	最低温度	日较差	辐射量
显著上升	85.2	83.5	74.6	40.8	7.6
显著下降	6.7	14.3	4.6	5.1	7.4

可见，1981～2007 年在水稻生育期内各气候因子确实发生了变化，存在着气候风险，其中温度变化趋势最明显，平均温度、最高温度、最低温度的变化在绝大多数省份和种植区域都呈极显著上升趋势，尤其以最高温度显著变化的面积比例最大，说明气候变化导致水稻生产高温热害风险增大。日较差、辐射量的变化趋势规律不明显，只在部分区域有显著的变化，但辐射量显著变化的省份，均表现为明显减少，水稻生产光照不足风险增加。

2. 1981～2007 年气候变化对我国小麦生育期的影响

1981～2007 年小麦生育期各气候因子的变化趋势如表 1-3 所示。从全国来看，小麦生育期日平均温度、平均最高温度和平均最低温度均在 99% 的置信水平下（$P<0.01$）显著增加，增幅分别为 0.58℃/10a、0.56℃/10a 和 0.6℃/10a。由于最低温度上升速度高于最高温度，导致日较差呈下降趋势，但变化趋势不显著。全国小麦生育期的平均降水量有少许增加，而辐射量略有下降，但变化趋势均不显著。

从各省的数据来看，绝大部分省（自治区、直辖市）小麦生育期平均温度均呈极显著上升趋势，变化幅度为 0.3～0.9℃/10a，其中华东地区的上海、江苏、浙江等省（直辖市）上升速度最快，达 0.7℃/10a 以上，这可能与该地区快速城市化有一定关系，西南各省上升速率最慢。最高温度上升幅度为 0.2～0.9℃/10a，仍以上海、浙江变幅最大，除云南外，其他各省份均达到显著水平。与最高温度变化相比，大部分省份最低温的上升幅度更为明显，其中小麦主产区的黄淮海地区上升速度较快，一般都在 0.7℃/10a 左右。日较差变化各省份有增有减，趋势不明显，在变化达显著的省份中，华北地区和西南的部分省份日较差有下降趋势，而华中、华东的部分省份有增加的趋势。降水的变化在黑龙江、吉林、广西有下降趋势，西藏则有少量增加的趋势，除此外，其他各省的变化趋势均不显著。辐射量的变化有增有减，绝大部分省份趋势不明显，在显著变化的省份，小麦主产区的黄淮海平原以下降为主，而黄土高原、湖南、重庆等地有显著的上升趋势。

计算气候因子变化显著的小麦种植区域面积占全国小麦播种面积的比例时发现，平均温度、最高温度、最低温度显著上升（$P<0.01$）的面积比例分别为 98.5%、88.5% 和 95.7%（表 1-4）。全国小麦种植区的日较差变化达极显著水平的约占 41.1%，且以下降为主，面积约占 23.2%，主要分布在黄淮海、新疆大部分及云南等地，而显著上升的区

表 1-3　1981~2007 年小麦种植区域小麦生育期内各气候因子的变化趋势

区域	省份	平均温度 / (℃/10a)	最高温度 / (℃/10a)	最低温度 / (℃/10a)	日较差 / (℃/10a)	降水量 / (mm/10a)	辐射量 / (J/10a)
华北	北京	0.46**	0.27	0.65**	−0.38**	2.0	−157.5**
	天津	0.59**	0.44**	0.73**	−0.29**	−8.8	−174.8**
	河北	0.56**	0.37*	0.76**	−0.40**	5.8	−120.2**
	山西	0.63**	0.70**	0.57**	0.13	−4.4	11.9
	内蒙古	0.67**	0.59**	0.73**	−0.14*	−4.9	−43.8*
东北	辽宁	0.45**	0.44*	0.45**	−0.02	−37.0	−10.4
	吉林	0.53**	0.56**	0.51**	0.05	−43.8	−13.8
	黑龙江	0.54**	0.60**	0.47**	0.13	−38.7*	23.2
华东	上海	0.83**	0.86**	0.81**	0.05	−9.1	−15.5
	江苏	0.75**	0.70**	0.80**	−0.10	−6.70	−18.2
	浙江	0.71**	0.85**	0.57**	0.28**	−22.7	−11.1
	安徽	0.66**	0.65**	0.67**	−0.02	6.5	−14.9
	福建	0.60**	0.74**	0.47**	0.28**	−35.9	41.8
	江西	0.61**	0.71**	0.51**	0.20	2.9	20.4
	山东	0.60**	0.50**	0.69**	−0.20	25.4	−103.1**
华中	河南	0.53**	0.48**	0.58**	−0.10	8.5	−51.6
	湖北	0.57**	0.67**	0.48**	0.19*	3.8	−1.4
	湖南	0.56**	0.69**	0.42**	0.27**	7.6	44.3*
华南	广东	0.65**	0.78**	0.53**	0.26*	−79.7	58.1
	广西	0.51*	0.55*	0.47*	0.08	−44.7*	17.1
	海南	0.4**	0.34*	0.47**	−0.13*	−63.5	−8.2
西南	重庆	0.37**	0.53**	0.22**	0.31**	16.1	56.3*
	四川	0.42**	0.58**	0.25*	0.33**	1.8	41.9
	贵州	0.41**	0.47**	0.34**	0.13	0.5	20.6
	云南	0.35**	0.22	0.47**	−0.25*	13.6	−0.1
	西藏	0.53**	0.40*	0.65**	−0.25*	12.9**	−36.7**
西北	陕西	0.61**	0.75**	0.47**	0.28*	−25.0	124.8**
	甘肃	0.66**	0.74**	0.58**	0.17	−14.2	94.3**
	青海	0.65**	0.76**	0.53**	0.22	−0.6	−13.4
	宁夏	0.73**	0.79**	0.67**	0.11	−20.7	57.3
	新疆	0.53**	0.43*	0.62**	−0.19*	−4.5	21.4
	全国	0.58**	0.56**	0.6**	−0.04	2.0	−23.9

域约占小麦播种面积的 17.9%，主要集中在黄土高原南部、湖北和湖南西部、重庆、四川东部等地，东南地区的浙江南部、江西南部、福建南部也有少量分布。降水发生显著变化的区域较少，不足 3%，且在小麦主产区内均不显著，东北和华南部分地区降水量呈显著的下降趋势。辐射量显著变化的比例为 51.1%，并以下降为主约占 35.2%，显著上升的面积占 15.9%，其中黄淮海地区辐射量以下降为主，而黄土高原地区以上升为主。

表 1-4　气候因子显著变化的小麦种植面积占全国小麦面积比例　　（单位：%）

指标	平均温度	最高温度	最低温度	日较差	降水量
显著上升	98.5	88.5	95.7	17.9	1.4
显著下降	0	0	0	23.2	1.4

可见，1981～2007 年在小麦生育期内各气候因子确实发生了变化，存在着气候风险，其中温度变化趋势最明显，平均温度、最高温度、最低温度的变化在绝大多数省份和种植区域都呈极显著上升趋势，说明气候变化在小麦的生育期中以温度的变化最普遍和明显，而日较差、降水量、辐射量的变化趋势规律不明显，只在部分省份有显著的变化。

3. 1981～2007 年气候变化对玉米生育期的影响

1981～2007 年全国玉米生育期各气候因子的变化趋势如图 1-1 所示。从全国来看，玉米生育期日平均气温、平均最高温度和平均最低温度均在 99% 的置信水平下（$P<0.01$）显著上升，上升幅度分别为 0.39℃/10a、0.37℃/10a 和 0.40℃/10a。由于最低温度上升速度高于最高温度，导致日较差呈下降趋势（0.02℃/10a）。全国玉米生育期的平均总降水量有少许下降，但下降不显著。生育期内总辐射量下降明显（45J/10a），1981～2007 年期间我国玉米生育期内的总辐射量下降了 3.5% 左右。

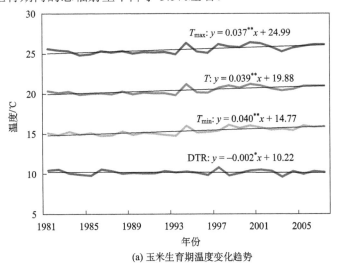

(a) 玉米生育期温度变化趋势

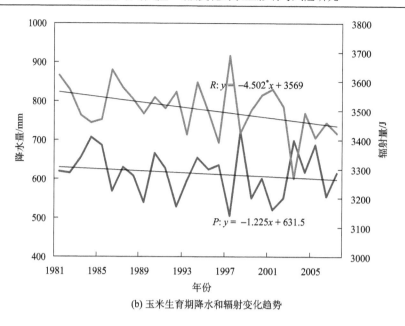

(b) 玉米生育期降水和辐射变化趋势

图 1-1　全国玉米生育期内各气候因子变化

T_{max}：平均最高温度；T：日平均温度；T_{min}：平均最低温度；DTR：日较差；R：辐射量；P：降水量

　　从区域来看，我国绝大部分玉米种植区生育期内的温度均呈极显著的上升趋势，其中平均温度、最高温度、最低温度显著上升（$P<0.01$）的面积分别占全国玉米播种面积的 81.6%、60.6% 和 85.1%。华东地区的江苏、浙江，西北的陕西、甘肃、青海和宁夏，以及东北大部分地区是温度上升最快的区域，平均温度上升速度达 0.5℃/10a 以上，部分地区，如上海，平均温度上升速度达 0.7℃/10a 以上；而西南地区温度的上升速率最慢，其中贵州的平均温度、最高温度和最低温度变化均不显著。部分地区最低温度上升快于最高温度，致使日较差发生显著下降，这些地区主要分布在黄淮海大部、西北的新疆和西南的云南，占全国玉米播种面积的 20.5%，其日较差变化幅度分别为 –0.2℃/10a（黄淮海）、–0.3℃/10a（新疆）和 –0.1℃/10a（云南）左右；而部分地区最高温度的上升快于最低温度，使日较差发生显著上升，主要集中在长江流域和南部的广东和福建等省，占全国玉米播种面积的 13.5%，日较差上升幅度集中在 0.2～0.3℃/10a 之间。降水有显著变化的区域仅在全国玉米播种面积的 9.9%，其中绝大部分（8.3%）表现出少许的下降趋势，其中东北中南部地区、四川东部的下降趋势最明显。辐射的变化空间特征明显，黄淮海和西南为辐射下降区，占全国玉米播种面积的 40.1%，而西北、东北西部为辐射上升区，占全国玉米播种面积的 4.1%，其他地区辐射量的变化不显著。

　　可见，1981～2007 年在玉米生育期内各气候因子确实发生了变化，存在着气候风险，其中温度变化趋势最明显，平均温度、最高温度、最低温度的变化在绝大多数玉米种植区都呈极显著上升趋势，说明气候变化在玉米生育期中温度的变化最普遍和明显，而日较差、降水量、辐射量的变化趋势规律不明显,只在部分地区有显著的变化。

1.1.2　1981～2007 年气候变化对农业产量的影响

本小节研究利用历史气象资料,驱动校准后的作物模型,获得历史气候条件下的模拟产量。模拟产量能够在一定程度上消除技术进步等因素对作物产量的影响,并分离出不同气候变化对产量构成的影响。

不同气候因子对作物产量形成具有不同作用。表 1-5 列出了分离的各气候因子对我国三大作物产量的总体影响。从表中可以看见,温度导致小麦明显减产,产量相对于 1961 年的产量减少了 4.6%,而对水稻和玉米则受益于温度影响,但是均未达显著水平。辐射对于玉米的负面影响最大,且达显著,造成玉米相对于 1961 年减产 3.5%;降水对水稻的影响最大,显著造成水稻减产。如果综合考虑温度、降水和辐射的影响,水稻和小麦都将显著减产,其中水稻减产最多高达 12.4%,小麦则为 9.7%。CO_2 的肥效作用在一定程度上增加了三种作物的产量,都显著地提高了作物产量,其中小麦产量增幅最大,可达 11.7%,其次是水稻,为 8.7%,玉米的肥效作用最低(3.2%),但也达到显著水平,这可能与玉米是 C4 作物有关,白莉萍等(2003)关于 CO_2 肥效的研究,也认为玉米作为 C4 作物,就 CO_2 浓度增长对光合作用的直接影响而言,受益没有 C3 作物大。

如果综合考虑温度、降水、辐射和 CO_2 肥效,水稻表现为明显减产,产量降低幅度为 4.2%,而其他两种作物都表现为增产,但未能达到显著水平,玉米增产幅度为 2.6%,而小麦增产幅度仅为 0.9%。

表 1-5　气候变化导致的三大粮食作物总产变化的幅度　　　　(单位：%)

作物	模拟总产(1961 年) /Mt	总产变化					
		T	P	R	TPR	CO_2	All
水稻	140	0.4	−0.4	−12.4[a]	−12.4[a]	8.7[a]	−4.2[a]
小麦	75	−4.6[a]	0.3	−3.9	−9.7[a]	11.7[a]	0.9
玉米	96	3.1	−3.5[a]	−0.6	−1.2	3.2[a]	2.6

a：置信区间为 95%;T 为温度;P 为降水;R 为辐射;TPR 为温度、降水和辐射;All 为温度、降水、辐射和 CO_2

分离的各气候因子对我国三大作物的影响也存在空间差异。图 1-2 显示了温度、降水和辐射对三大作物影响的纬度分布情况。图中的曲线显示了各纬度的所有网格的所受影响(相对于 1961 年产量的变化)的平均值。蓝色阴影区则为纬度上种植面积情况(采用 1981～2000 年播种面积数据均值),灰色直方图则是纬度上各网格的相对偏差。从图中可以看出,在低纬度地区,温度对水稻的影响表现为微弱地减产,而高纬度地区,水稻生产明显受益于温度的变化，有大幅度的增产。这与温度升高，改善了高温度热量条件，促进水稻生产在高纬度地区发展密不可分。1987～2004年，随着气候变暖，多种作物的种植界线都呈现出了向高纬度和高海拔移动的趋势，20世纪90年代中后期水稻种植北界较20世纪80年代前期已北移大约4°（云雅如等，2007），其中黑龙江省增幅最多。辐射和降水对水稻产量的影响不如温度明显。

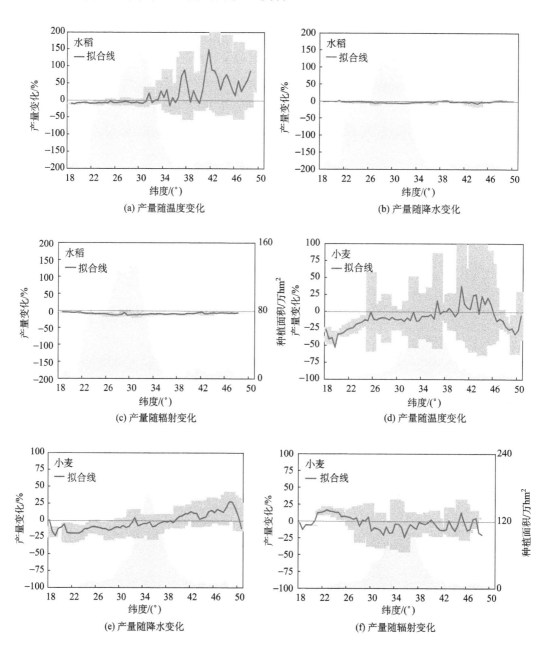

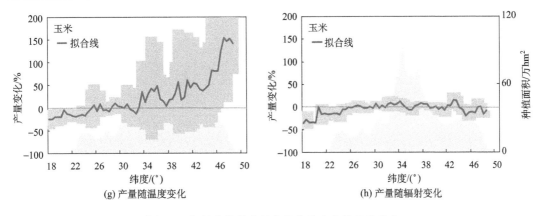

图 1-2　气候变化导致的产量变化在各纬度的分布

在低纬度地区温度对小麦造成负面影响，降低幅度在 20%左右，而在中-高纬度地区，温度对小麦生产表现为促进作用，高纬度地区又出现负面影响，这可能是由于中-高纬度以种植冬小麦为主，气候变暖，尤其是暖冬，有利于冬小麦的越冬，促进了产量。辐射对小麦的影响与温度有相似的纬度分布，而影响幅度则低于小麦。降水对小麦产量的影响，则表现为低纬度地区促进作用，而中-高纬度地区以负面影响为主。

温度对玉米产量的影响也表现为随纬度增加，促进作用明显，低纬度地区以减产为主，中-高纬度地区则明显促进了玉米生产。而降水和辐射的影响没有温度明显，其中辐射以负面影响为主，仅在中-低纬度地区有少许促进作用。

从三种气象因子的影响来看，温度影响在空间分布上最为显著，变化也最激烈，对三种作物影响也基本都表现出低纬度负面影响，随着纬度增加逐渐显现为正效应。说明过去 50 年里热量条件的变化，尤其是中-高纬度地区，对作物产量影响最明显。

1.2　1981～2007 年农业产量对不同气候因子的敏感性和脆弱性

2001 年 IPCC 在第三次评估报告中明确给出，脆弱性是指系统容易遭受或没有能力应对气候变化（包括气候变率和极端气候事件）不利影响的程度，是系统内的气候变率特征、幅度和变化速率及其敏感性和适应能力的函数。因此，脆弱性一方面受外界气候变化的影响，取决于系统对气候变化影响的敏感性或敏感程度；另一方面也受系统自身调节与恢复能力的制约，取决于系统适应新的气候条件的能力。农业统计产量是作物在实际生产状况下的最终结果，其产量的形成过程受到气候、环境因子、农业管理等各种因素的综合影响，因此统计产量本身的时间序列变化，既包含着作物产量对气候和环境因子变化的反应，又涵盖着管理、社会、经济等因素对作物产量的贡献，所以与模拟产量相比，研究统计产量对气候变化的变化情况，更能客观地反映出农业生产对气象因子的敏感程度和社会-经济对气候变化的适应能力,有利于了解农业生产对气候因子变化的敏感和脆弱程度及其区域分布状况。

首先,采用一阶差分法获得每个网格统计产量的变化量ΔY,近年来一阶差分法在评估气候变化的影响中得到了一定应用(Nicholls, 1997;Lobell, 2007)。它可以一定程度地去除缓慢变化因子对变量的影响,研究表明,采用产量的一阶差分值得到的统计结果与对产量线性去趋势化的统计结果基本一致。其次,通过建立产量的变化量ΔY与气候因子ΔX之间的线性回归方程,拟合两者之间的关系,利用t检验考查其显著性,并根据两者之间的线性关系判断网格作物生产对单一气候因子的敏感性和脆弱性。即如果产量变化与气候要素之间存在着显著($P<0.05$)的线性相关,则可认为该气候因素对作物产量有显著影响,产量对气候因子的变化具有较高的敏感性,R^2值可理解为气候因子变化对产量变化的解释程度,并通过线性回归方程可得出产量变化对该气候因子是正敏感还是负敏感(即正相关还是负相关)。由于统计产量是生产的实际结果,因此统计产量的差异在一定程度上能够反映各种适应措施的效果和区域间适应能力的差异,其变化程度可在一定层面上反映作物生产的脆弱性程度,所以如果当某网格的ΔY与ΔX之间的回归模型表明该网格作物生产对该气候因子敏感,且显著地造成产量减产时,说明该网格作物生产对该气候因子脆弱,而减产程度与脆弱程度正相关。

1.2.1 我国水稻产量对历史气候变化的敏感性和脆弱性分析

构建 1981~2007 年水稻生育期气候要素ΔX与水稻产量变化ΔY之间的线性回归模型,分析水稻生产对单一气候因子变化的敏感性。表 1-6 列出了全国水稻种植区域中,网格产量变化对各气候因子敏感的比例,即气候因子与产量变化之间存在显著线性相关的网格水稻面积占全国水稻播种总面积的比例。从表中可见,水稻产量变化对辐射最敏感,敏感面积比例为 19.0%,其中以正敏感为主,占了 10.8%,平均R^2达到 0.20 左右,即约有 10.8%水稻种植面积,辐射变化与水稻产量呈正相关,这些地区辐射的变化可以解释 20%的水稻产量变化。以往的研究也在部分地点发现水稻产量对辐射变化最敏感

表 1-6 对单一气候因子变化敏感的水稻区域面积比例

对气候因子的变化	平均温度	最高温度	最低温度	日较差	辐射量
对单一气候因子敏感的面积比例/%	10.8	12.2	10.6	16.7	19.0
正敏感区比例/%	5.2	6.3	5.5	9.2	10.8
平均R^2	0.13	0.14	0.16	0.14	0.20
负敏感区比例/%	5.6	5.9	5.1	7.5	8.2
平均R^2	0.17	0.19	0.14	0.18	0.23

（Zhang et al., 2010）。尽管 1981～2007 年我国水稻生育期的辐射变化在上述的气候因素中存在的风险最小，但由于水稻产量对辐射最敏感，因此在未来水稻生产中，针对辐射的适应仍是不可忽视的问题。产量变化对日较差敏感，敏感面积约为 16.7%，正敏感比例略大于负敏感。产量对平均温度变化最不敏感，但由于水稻生育期温度变化风险较大，因此如何开展针对温度变化的适应仍是我国水稻生产需要重点考虑的问题。

若某网格水稻产量对某气候因子 ΔX 敏感，且 ΔX 造成该网格水稻产量显著减产时，说明该网格水稻生产对该气候因子脆弱。由于日较差是最高温度、最低温度综合变化的反映，因此在此不再探讨 ΔY 对最高温度、最低温度的脆弱。此外，考虑到我国水稻产量对辐射变化最敏感，以及我国多数网格都面临着平均温度、日较差上升的气候风险，通过探讨产量对平均温度上升 1℃、日较差上升 1℃、辐射量下降 10% 时的反应，以了解水稻产量对单一气候因子变化的脆弱程度及其分布状况。

平均温度上升 1℃ 时我国水稻产量的敏感区分布状况，东北地区东部相对集中地表现为水稻产量随温度升高而增产，增产幅度为 4%～20%，较为集中在 16% 左右，这可能与温度升高，改善了东北地区热量条件有关。研究表明，近 30 年来的气候变暖为东北地区的水稻种植提供了气候条件，东北地区水稻面积已在逐渐北扩（方修琦和盛静芬，2000；Yang et al., 2007）。据统计，2000 年黑龙江省水稻种植面积已是 1980 年的 7 倍（王媛等，2005；潘华盛等，2002），因此抓住东北地区的热量条件，对促进我国水稻生产的发展具有重要意义，但是在推进东北地区水稻发展过程中，冷冻害的防御措施也必须跟上。在江西、云南、陕西、山西等部分地区，水稻产量对温度升高 1℃ 表现为脆弱，但脆弱的面积和幅度相对较小，而我国水稻主产区基本不敏感，可见平均温度升高 1℃ 对我国水稻生产并未造成较大的负面危害。

当日较差升高 1℃ 时，我国约有 7.5% 的水稻面积，日较差对产量影响较弱，在河北、山东、贵州、云南、湖南等地均有分布，减产幅度在贵州、河北相对较大，而在云南、湖南、广东等地则在 -10% 以内。日较差升高意味着最高温度升高幅度大于最低温度的变化，这种变化造成减产的原因，可能与最高温度升高导致水稻热害败育有关。由于我国绝大部分水稻种植区，最高温度显著上升是最普遍的气候风险，因此如何采取措施降低高温热害是需要重点关注的问题。

当辐射量下降 10% 时，我国约有 8% 的水稻面积，产量出现减产，这可能与辐射降低，光照强度不足，影响光合作用有关，这些脆弱的区域主要集中在黑龙江、新疆、宁夏、安徽、湖南、湖北、浙江等省，其中黑龙江、新疆等地脆弱的程度较大，最大超过 -30%，主要集中在 -20% 左右，而浙江、安徽、湖北、湖南等地减产的幅度相对较小，一般在 10% 以内，贵州、河北、云南、甘肃、内蒙古等省的部分地区产量随辐射量的降低略有增加。辐射导致的产量下降主要与光合作用积累的生物量下降有关，以生育期长为特点的北方粳稻区对辐射量下降表现出更大的脆弱性。主要原因是：其一，假定全年辐射量变化按日平均分布，生育期越长（特别是灌浆期越长），全年相同辐射量下降幅度越大，生育期内积累的有效辐射量越小，从而对产量的影响越大。其二，在大部分情况下，辐射量的变化是存在季节和区域差异，水稻关键产量积累期（夏末）的辐射量变化较其他时期更大，产量积累期越长，辐射量下降对产量的影响就越大。

综上可见，我国部分地区水稻产量随着平均温度上升1℃、日较差升高1℃、辐射下降10%发生了反应，部分地区表现出一定幅度的减产，江西、云南、陕西、山西等省的部分地区，水稻产量对平均温度升高表现为脆弱，河北、山东、贵州、云南、湖南等地对日较差升高表现脆弱，在黑龙江、新疆、安徽、湖南、湖北、浙江等省对辐射量降低表现脆弱，但脆弱的幅度不大，且在我国水稻主产区受各因素影响并不大。

水稻产量的变化ΔY是各气候因子综合作用的结果，研究构建了ΔY与3种气候因子之间的逐步回归方程，若该网格的逐步回归方程达到显著水平（P<0.05），则将此网格1981～2007年所发生的气候因子变化代入方程，求算其1981～2007年的产量变化量，以考察历史气候变化对水稻产量的变化的综合影响，分析水稻生产对1981～2007年的气候变化的敏感性和脆弱性。

我国水稻产量对1981～2007年气候变化的敏感、脆弱程度及其区域分布状况，受气候变化的复杂性影响，无论水稻产量对气候变化的敏感面积、脆弱面积，还是敏感、脆弱程度上都可以看出，与任意一种（仅指本节研究所探讨的）单一气候因子影响相比，气候因子的综合影响对我国水稻产量的冲击更大，1981～2007年我国部分地区水稻产量对气候变化是敏感的，敏感区面积约占水稻播种面积的29.5%，其中部分地区（约16%）表现为气候变化导致水稻产量下降，即水稻产量对气候变化脆弱，脆弱程度为-1%～40%，主要集中在-10%以内，这些脆弱区域在全国各省份均有分布，但水稻主产区受到的影响不大，脆弱面积和脆弱程度都较小。在我国东北地区还集中表现出较大面积和比例的增产，从近年来东北地区水稻生产的发展来看，气候变化的确推动了我国东北地区水稻生产的发展，未来气候变暖仍在持续，因此抓住东北地区气候变化带来的热量资源契机，进一步提高该地区水稻产量，对稳定和提高我国水稻总产量具有重要意义。

根据逐步回归方程，进一步分析了3种气候因子在气候变化对产量综合影响的贡献情况。在产量对气候变化敏感的区域中，平均温度作为影响的主导因子所占的区域面积最大（37%），日较差和辐射量作为主导因子造成敏感的面积均为31%左右，从区域分布情况来看，以温度为主导因子的区域相对集中在东北地区、广西、江西、宁夏、陕西等省，其中温度主要使东北地区、广西、宁夏等地水稻增产，而使陕西、江西等地水稻减产，由于这些地区1981～2007年平均温度风险明显，因此水稻生产中对温度的适应是首要关注的问题。日较差升高在云南、贵州、福建、安徽等地相对集中地表现为主导作用，且主要造成水稻减产，这可能与这些地区夏季极端高温事件频繁有一定关系，而未来这些地区最高温度呈现明显增加趋势，因此这些地区水稻生产中防御高温热害是首要关注的问题。辐射在黑龙江、河北、贵州、湖南、湖北等地相对集中地显现主导作用，黑龙江、贵州、湖南主要使水稻增产，河北、湖北、贵州等地主要是减产，因此各地生产应因地制宜，解决气候变化造成的主要问题，抓住热量资源的改善，促进生产发展，保障我国水稻生产。

综上可见，1981～2007 年我国约有 30%种植区的水稻产量对气候变化敏感，少部分地区表现为对气候变化脆弱，但我国水稻主产区受到的影响不大，考虑到我国气候风险，未来气候变化还在持续，生产中关注水稻的敏感区和脆弱区，减缓和适应气候变化，同时抓住气候变化带来的热量资源契机，对稳定和提高我国水稻总产量具有重要意义。

在产量对气候变化敏感的区域中，温度作为影响的主导因子所占区域面积比例最大，温度也是导致产量脆弱面积比例最大的主导因子。从区域分布情况来看，各区域影响水稻产量的主导因子有所差异，因此各地生产应因地制宜，解决气候变化带来的主要问题，保障我国水稻的生产。

1.2.2　我国小麦产量对历史气候变化的脆弱性分析

构建 1981～2006 年小麦生育期气候要素ΔX 与小麦产量变化ΔY 之间的线性回归模型，分析小麦生产对单一气候因子变化的敏感性。

表 1-7 列出了全国小麦种植区域中，网格产量变化对气候因子敏感的比例，即产量变化与气候因子之间存在显著线性相关的网格小麦面积占全国小麦播种总面积的比例。

表 1-7　对单一气候因子变化敏感的小麦区域面积比例

气象要素的变化	平均温度	日较差	降水量	辐射量
对单一气候因子敏感的面积比例/%	20.1	19.8	26.8	18.5
正敏感区的比例/%	11.1	8.6	7.6	11.6
平均 R^2	0.14	0.19	0.23	0.24
负敏感区的比例/%	9.0	11.2	19.2	6.9
平均 R^2	0.16	0.15	0.27	0.14

表 1-7 的数据结果表明，小麦产量变化对降水最敏感，敏感面积比例为 26.8%，其中以负敏感为主，占了 19.2%，平均 R^2 达到 0.27 左右，即约有 19.2%小麦种植面积，降水的变化与小麦产量呈负相关，这些地区降水的变化可以解释 27%的小麦产量变化。尽管 1981～2006 年我国小麦生育期的降水变化在 4 个气象因素中的风险最小(仅为 2.8%)，但是由于小麦产量对降水最敏感，因此在未来小麦生产中，针对降水的适应仍是不可忽视的问题。

产量变化对平均温度敏感,敏感面积约为 20.1%,其中正敏感比例为 11.1%,平均的 R^2 达到 0.14 左右,负敏感为 9.0%,平均 R^2 达到 0.16 左右。尽管小麦产量对平均温度的影响不如降水敏感,但是由于我国大部分地区(占了 98.5%)小麦生育期都存在着平均温度升高的风险,因此如何开展针对温度升高的适应仍是我国小麦生产需要重点考虑的问题。

产量对辐射变化最不敏感,敏感面积约为 18.5%,其中正敏感比例为 11.6%,平均的 R^2 达到 0.24 左右,负敏感为 6.9%,平均 R^2 达到 0.14 左右,说明有些区域辐射的变化解释了一定程度的小麦产量变化。

可见,我国部分区域小麦产量变化与气象因子的变化存在着显著的线性相关,这些地区气候因子的变化可以在解释一定程度的产量变化,其中与产量变化关系最密切的是降水的变化,其次是平均温度。因此在未来小麦生产中,针对降水和温度的适应措施是首要考虑的。

若某网格小麦产量对气候因子 ΔX 敏感,且 ΔX 造成该网格小麦产量显著地减产时,说明该网格小麦生产对该气候因子脆弱。由于多数网格的平均温度表现为上升趋势,降水、辐射、日较差则表现为下降趋势,通过探讨产量对平均温度上升 1℃、日较差下降 1℃、辐射下降 100J、降水量下降 10mm 时的反应,以了解小麦产量对单一气象因子变化的脆弱程度及其分布状况。

平均温度上升 1℃时我国小麦产量对温度上升的反应,在东北地区、黄淮海平原、华东等地都有温度的敏感区分布,其中约有 8.9%的小麦种植面积出现了明显减产,表明这些地区小麦生产对温度升高脆弱,这可能与温度升高导致这些地区小麦生育期缩短,灌浆不足有一定关系。这些脆弱区域主要分布在东北春麦区、华中地区的湖南、湖北等省份以及云南等地,减产幅度为 1%~40%,在减产 20%左右较为集中。而平均温度上升 1℃并未造成冬小麦的主产区黄淮海平原产量减少,甚至江苏、山东的部分地区小麦产量还有所增长,部分研究(郑大玮,1997;熊伟等,2010)曾指出,华北地区冬小麦种植区的温度升高虽然缩短了冬小麦整个生育期,但对越冬休眠期的缩短更明显,而冬小麦实际有效生育期并未明显减少,甚至在有些地方反而增加,这可能是黄淮海平原小麦产量变化的原因之一。

当日较差下降 1℃时,我国小麦产量对日较差的敏感区域,相对较为集中地分布在东北地区、黄淮海平原、华东等地,其中约有 8.3%小麦种植面积出现减产,表明这些地区小麦生产对日较差降低脆弱,这可能是日较差降低,夜间呼吸消耗增加,导致了有机物积累减少。这些脆弱区主要分布在江苏、安徽、山东等省份,其脆弱的程度在减产 1%~20%之间波动,相对集中在减产 12%。而在东北大部分地区,当日较差下降 1℃,小麦产量集中表现为一定幅度的上升趋势,这可能与东北地区小麦生产特点有关,在这些高纬度地区日较差较大,低温容易给生产带来冷、冻害损失,因此当日较差下降 1℃时,尽管呼吸消耗增加,对有机物的损失增大,但最低温的上升可降低冷冻害等对产量的损失，因此在这种利大于弊的情况下，日较差降低 1℃，对东北地区表现出了增产趋势。

当辐射下降 100J 时，我国约有 10%的小麦面积，产量出现减产，这可能与辐射降低、光照强度不足，影响光合作用有关，这些脆弱的区域主要集中在东北地区及广西、湖南、江西等省，其脆弱的程度最大为-30%，主要集中在-13%左右。此外在江苏、安徽等省，随着辐射下降，小麦产量略有增加，但变化幅度最大不超过 7%。

当生育期降水量下降 10mm 时，25%的小麦种植面积，产量有所增加，仅有 1%小麦种植面积出现减产，主要分布在内蒙古、四川等地，但脆弱程度变化较小，最大不超过-6%。尽管从产量与 4 种气候因子的敏感性看，产量对降水最敏感，从作物产量构成的角度来讲，水分对产量作用也是不可替代，但我国小麦产量对生育期降水量下降 10mm 却表现为相对较大面积的增产，其少面积脆弱，其原因可能是：①目前我国北方大部分地区小麦生产有灌溉系统保障，而南方雨水充沛，足以满足雨养小麦对水分的需要，因此生育期降水量下降 10mm 对小麦生长发育不足以构成过大危害。②降水的同时，意味着辐射量的减少，同样当降水减少，说明辐射量可能增加，因此对于北方灌溉农业和南方雨水充足的地区降水的减少又带来有利的辐射条件，为产量的提高创造了条件，因此降水量减少 10mm 表现出少部分地区脆弱。

综上可见，我国部分地区小麦产量随着平均温度上升 1℃、日较差下降 1℃、辐射下降 100J、降水量下降 10mm 产生了相应的反应，当小麦生育期温度上升 1℃时，约有 8.9%的小麦种植面积对温度升高表现脆弱，主要分布在东北春麦区、华中地区的湖南、湖北等省份以及云南等地，脆弱程度较为集中在-20%左右。当日较差下降 1℃时，约有 8.3%小麦种植面积对日较差降低脆弱，主要分布在江苏、安徽、山东等省，脆弱的程度相对集中在-12%。当辐射下降 100J 时，我国约有 10%小麦种植面积对辐射表现为脆弱，主要集中在东北地区、广西、湖南、江西等省，其脆弱的程度主要集中在-13%左右。当生育期降水量下降 10mm 时，仅 1%小麦种植面积表现为对降水的脆弱，主要分布在内蒙古、四川等地，且脆弱程度变化较小，最大不超过-6%。从产量对 4 种气候因子变化的反应来看，我国小麦生产对辐射的降低脆弱范围最大，对平均温度升高脆弱的程度最大，由于平均温度升高是我国目前面临的最普遍和明显的气候风险，因此如何减缓我国小麦生产对温度的脆弱程度是需要重点关注的问题。

小麦产量的变化 ΔY 是各气候因子综合影响的结果，研究中构建了 ΔY 与 4 种气候因子之间的逐步回归方程，若该网格的逐步回归方程达到显著水平（$P<0.05$），则将该网格 1981～2006 年所发生的气候因子变化趋势代入方程，求算出该网格 1981～2006 年的产量变化量，以考察历史气候变化对小麦产量的变化的综合影响，分析小麦生产对 1981～2006 年的气候变化的敏感性和脆弱性。

经研究发现，1981～2007 年我国部分地区小麦产量对气候变化是敏感的，敏感区面积约占小麦播种面积的 47.4%，其中部分地区（约 11%）表现为气候变化导致小麦产量下降，即小麦产量对气候变化脆弱，脆弱的程度为–1%～–40%，主要集中在–25%左右，这些脆弱区域主要分布在东北地区西部、长江流域的中下游地区、云南以及农牧交错带部分地区等。受气候变化的复杂性影响，无论从小麦产量对气候变化的敏感面积，还是从脆弱的面积和程度上都可以看出，与任意一种（仅指本研究所探讨的）单一气候因子影响相比，气候因子的综合影响对我国小麦产量的冲击更大。但值得关注的是，尽管敏感面积、脆弱面积和程度在增大，但是我国冬小麦的主产区黄淮海平原、春小麦的主产区东北的大部分地区，1981～2007年气候变化对小麦生产的影响是以正效应为主，这些地区产量有一定程度的增加（4%～10%），由于这些地区小麦产量可以达到我国小麦总产量的70%以上，因此抓住这些地区气候变化带来的雨热资源契机，进一步提高该地区小麦产量，对稳定和提高我国小麦总产量具有重要意义。

根据逐步回归方程，进一步分析了4种气象因子在气候变化对产量综合影响中的贡献情况。在产量对气候变化敏感的区域中，温度作为影响的主导因子，其所占的区域面积最大（35%），其次是降水量（25%），日较差和辐射作为主导因子造成敏感的面积均为20%左右；其中温度也是导致产量脆弱面积最大的主导因子，约占15%，其次是日较差（5%）和辐射量（3%），而降水量仅为1%。从区域分布情况来看，以温度为主导因子的区域相对集中在东北的西部、江苏、安徽、浙江、云南等省，这些地区1981～2006年平均温度也呈现明显的上升趋势，温度风险明显，因此这些地区小麦生产中温度的适应是首要关注的问题。日较差在东北地区东部、北部相对集中，且主要使小麦增产，因此东北地区应抓住这种热量资源改善，促进生产发展。辐射在江苏、安徽、广西等部分地区相对集中，而降水在内蒙古的农牧交错带较为集中，因此各地生产应因地制宜，解决气候变化造成的主要问题，保障我国小麦生产。

综上可见，1981～2007年我国约有近一半地区小麦产量对气候变化是敏感的，少部分地区表现为对气候变化脆弱，脆弱程度较大，集中在–25%左右，但对我国小麦主产区也有一定的促进作用。考虑到我国气候风险，未来气候变化还在持续，生产中关注小麦的敏感区和脆弱区，减缓和适应气候变化，同时抓住气候变化带来的雨热资源契机，对稳定和提高我国小麦总产量具有重要意义。

在产量对气候变化敏感的区域中，温度作为影响的主导因子所占区域面积比例最大，其次是降水，其中温度也是导致产量脆弱面积比例最大的主导因子。从区域分布情况来看，各区域影响小麦产量的主导因子有所差异，因此各地生产应因地制宜，解决气候变化带来的主要问题，保障我国小麦的生产。

1.2.3　我国玉米产量对历史气候变化的脆弱性分析

在网格尺度构建了1981～2007年玉米生育期各气候要素ΔX与玉米产量变化ΔY之间

的线性回归模型，以分析玉米生产对单一气候因子变化的敏感性和脆弱性。表 1-8 列出了全国玉米种植区域中，网格产量变化对气候因子敏感的比例，即产量变化与气候因子之间存在显著线性相关的网格玉米面积占全国玉米播种总面积的比例。

表 1-8　对单一气候因子变化敏感的玉米区域面积比例

气象要素的变化	平均温度	日较差	降水量	辐射量
对单一气候因子敏感的面积比例/%	26.5	30.1	25.4	28.1
正敏感区的比例/%	1.4	6.6	8.4	6.9
正敏感的幅度（a）/（%/单位变化）	17.6	9.6	4.4	9.1
负敏感区的比例/%	25.1	23.5	17.0	21.2
负敏感的幅度（a）/（%/单位变化）	−21.6	−10.1	−3.5	−10.3

表 1-8 可见，从敏感区域的大小来看，玉米产量变化对日较差最敏感，敏感面积比例为 30.1%，其中以负敏感为主，占了 23.5%，正敏感面积占 6.6%。虽然 1981～2007 年我国玉米生育期的日较差变化只有少许降低，但从整体上表明可能对我国的玉米生产有一定的正面作用。从区域上来看，日较差发生显著变化的区域占我国玉米种植面积的 34%，但主要玉米产区（如黄淮海地区）为日较差显著下降区，较大比例的负敏感说明该地区的日较差下降可能对玉米生产有一定的正面效应。

玉米对温度、辐射和降水的敏感面积均占全国玉米播种面积的 25% 以上，其中对温度的敏感面积占玉米播种面积的 26.5%，对辐射和降水的敏感面积占 28.1% 和 25.4%。这些敏感区域中，均以负敏感为主，其中对平均温度变化的负敏感区域最大，由于我国玉米产区生育期温度均以上升趋势为主，所以表明温度升高对玉米产量的负面影响比较显著。因此今后考虑如何应对升温对玉米生产的影响将是适应考虑的重点。虽然玉米产量对辐射和降水的敏感区域也超过玉米播种面积的 25%，且以负敏感为主，但由于我国玉米种植区该两项气候因子的变化风险面积较小，且部分主要玉米产区的降水和辐射量以下降为主，所以表明辐射和降水的变化对玉米产量可能呈正面效应。

综上可见，我国部分区域玉米产量变化与气象因子的变化存在着显著的线性相关，这些地区气候因子的变化可以在解释一定程度的产量变化，其中与产量变化关系最密切的是日较差的变化，其次是平均温度，因此在未来玉米生产中，针对温度的适应措施是首要考虑的。

若某网格玉米产量对气候因子 ΔX 敏感，且 ΔX 造成该网格小麦产量显著地减产时，说明该网格玉米生产对该气候因子脆弱。由于多数网格的平均温度表现为上升趋势，降水、辐射、日较差则表现为下降趋势,通过探讨产量对平均温度上升 1℃、日较差下降 1℃、辐射和降水量下降 10% 时的反应，以了解玉米产量对单一气象因子变化的脆弱程度及其分布状况。

平均温度上升 1℃时我国玉米产量对温度上升的反应，在东北地区东部、黄土高原及西南地区都有温度的敏感区分布，其中约有 25.1%的玉米种植面积出现了明显减产，表明这些地区玉米生产对温度升高脆弱，这可能与温度升高导致这些地区玉米生育期缩短，灌浆不足有一定关系。这些脆弱区域主要分布在黄土高原及其周边地区、西南的云南、贵州等地，减产幅度为 1%~40%，平均减产为 21.6%。而平均温度上升 1℃使东北地区东部的玉米产量有所增加，但仅占全国玉米播种面积的 1.4%，增产幅度平均为17.6%。通过分析认为，该地区玉米产量的增加可能与近年来该地区玉米播种的调整有关，由于大量推广中晚熟品种，致使产量潜力上升，增加了对温度升高的正面反映。

气温日较差的变化反映出最高温度和最低温度的不平衡变化，对植物的净同化速率有着重要的影响。一般认为，日较差的增大，有利于白天光合作用的加强和夜晚呼吸作用的减弱，对同化产量的积累有非常重要的作用。但研究结果表明，当日较差下降 1℃时，我国部分地区的（西南地区和长江流域）玉米产量有一定的增产趋势。我国玉米产量对日较差的敏感区域，相对较为集中地分布在西南地区和长江流域等地，其中只有约6.6%的玉米种植面积出现减产，表明这些地区玉米生产对日较差的下降脆弱。这些脆弱区仅零散地分布在各玉米种植区，其脆弱的程度在减产 1%~18%之间，相对集中在减产9.6%。而在绝大部分的玉米产区，随着日较差下降 1℃，玉米产量集中表现为一定幅度的增产，与传统理解有一定的差异。研究认为，当平均温度不变，而仅日较差下降 1℃时，意味着生育期最低温的上升，而最高温度的下降（或者不同的最高温度最低温度变化组合）。虽然夜间最低温的上升增加作物呼吸消耗，降低作物产量，但可能会小于日间降温的增产效果。可能原因在于，我国玉米大多为种植于月平均气温最高的 7~9 月的夏玉米，白天最高温度的少许下降不仅不会降低光合作用的强度，反而会减少高温热旱和干旱的风险，进而一定程度地提高玉米产量。如果日较差的降低，伴随着平均温度的升高，则表明平均温度的升高使玉米产量下降，但日较差的降低可以少许的抵消一部分的产量下降。但现实中由于我国玉米生育期日较差的变化幅度很少（-0.02℃/10a），所以对产量的贡献微不足道。

辐射下降会导致作物的光合有效辐射降低，从而减少产量。当辐射下降 10%时，我国约有 6.9%的玉米面积，产量出现减产，减产幅度平均为 9.1%，这些脆弱的区域主要集中在河南、江西和新疆的部分地区。而 21.2%的玉米种植区，产量呈现出显著的增加，增加幅度平均为 10.3%，主要分布在长江流域和西南大部分地区。研究认为，由于玉米生育期相对较短，整个生育期平均辐射量的下降可能对产量的负面影响并不大。而生育期辐射量通常与降水日数和降水量有较好的相关关系，辐射量的下降意味着降水量的增加，所以对部分地区玉米产量可能有一定的正面效果。

当生育期降水量下降10%时，有 7.4%的玉米种植区，产量有所减少，减产幅度平均为 4.4%，主要分布在我国的北方地区。而有 17%的玉米种植区出现增产，主要分布在长江流域和西南的部分地区。从作物产量构成的角度来讲，水分对产量作用也是不可替代，但我国玉米产量对生育期降水量下降 10%却表现为相对较大面积的增产，甚少面积脆弱，其原因可能是：①目前我国北方大部分地区玉米生产有灌溉系统保障，而南方雨水充沛，足以满足雨养玉米对水分的需要，因此生育期降水量下降 10%对玉米生长发育不足以构成过大危害。②降水的同时，意味着辐射量的减少，同样当降水减少，说明辐射量可能增加，因此对于北方灌溉农业和南方雨水充足的地区降水的减少又带来有利的辐射条件，为产量的提高创造了条件，因此降水量减少 10%表现出少部分地区脆弱。

综上可见，我国部分地区玉米产量随着平均温度上升 1℃、日较差下降 1℃、辐射和降水下降 10%产生了相应的反应，当玉米生育期温度上升 1℃时，约有 21.6%的玉米种植面积对温度升高表现脆弱，主要分布在黄土高原及其周边地区、西南等地，脆弱程度较为集中在减产 20%左右。当日较差下降 1℃时，约有 6.6%玉米种植面积对日较差降低脆弱，分布比较分散，脆弱的程度平均为减产 10%左右。当辐射下降 10%时，我国约有 6.9%玉米种植面积对辐射表现为黄淮海、西北以及长江流域以北等玉米产区，其脆弱的程度主要集中在减产 9%左右。当生育期降水量下降 10%时，7.4%玉米种植面积表现为对降水的脆弱，分布于黄淮海西部、西北，以及东北南部等玉米产区，脆弱程度变化较小，平均为减产 4%左右。从产量对 4 种气候因子变化的反应来看，我国玉米生产对温度升高的脆弱范围最大，同时由于平均温度升高是我国目前面临的最普遍和明显的气候风险，因此如何减缓我国小麦生产对温度的脆弱程度是需要重点关注的问题。

玉米产量的变化 ΔY 是各气候因子综合影响的结果，研究中构建了 ΔY 与 4 种气候因子之间的逐步回归方程，若该网格的逐步回归方程达到显著水平（$P<0.05$），则表明气候变化对玉米产量产生了显著的影响。将 1981～2006 年所发生的气候因子变化趋势代入方程，求算出由于历史气候变化驱动产生的产量变化量，以考察历史气候变化对小麦产量变化的综合影响。

建立全国玉米平均产量变化与生育期各气候因子变化的多元逐步回归方程，方程 R^2 为 0.42，达极显著水平。把观测到的 1981～2007 年气候变化趋势代入到该方程，计算出历史气候变化趋势对玉米产量的贡献为减产 261kg/hm²，与 1981 年的玉米平均产量相比，即气候驱动的产量变化幅度为减产 8.5%。

在区域尺度，确定了我国玉米产量对历史气候变化的敏感区和脆弱区。1981～2007 年我国部分地区玉米产量对气候变化是敏感的，敏感区面积约占玉米播种面积的 59%，其中大部分地区（约 43.3%）表现为气候变化导致玉米产量下降，即玉米产量对气候变化脆弱，脆弱的程度为减产 1%～30%，主要集中在减产 15%左右，这些脆弱区域主要分布在黄土高原、长江流域部分地区，以及西南的贵州、四川等省。受气候变化的复杂性影响，无论从玉米产量对气候变化的敏感面积，还是从脆弱的面积和程度上都可以看出，与任意一种（仅指本研究所探讨的）单一气候因子影响相比，气候因子的综合影响对我国玉米产量的冲击更大。但值得关注的是，尽管敏感面积、脆弱面积和程度在增大，但是我国东北、西南和新疆等的部分地区，1981～2006 年气候变化对玉米生产的影响是以正效应为主，这些地区产量有一定程度的增加（1%～17%），平均增产幅度为 7.0%，未来可以抓住这些地区气候变化带来的雨热资源契机，进一步提高该地区玉米产量，对稳定和提高我国玉米总产量具有一定意义。

1.3　未来 30 年气候变化对农业生产的风险

1.3.1　RCP 情景下未来近、中期我国水稻单产变化

本书研究采用 IPCC 第五次评估报告（2013）提供的典型浓度路径情景（representative concentration pathway，RCP），下面简称 RCP 情景。

水稻是我国主要的粮食作物。在我国，除了西藏外，水稻的分布遍及全国各地区。我国水稻生产在世界稻作中占重要地位，根据 1980～1984 年统计数据平均，其面积占世界稻作面积的 23.05%，仅次于印度；总产量占 36.7%，居世界第一位。和其他作物相比，水稻产量变异系数较小，对于我国粮食产量的稳定增长，也起着重要的作用，再考虑到饮食习惯等问题，可以说，水稻生产关系到我国粮食生产乃至国民经济发展的全局。

气候变化已经影响到我国水稻生产。近年来受气候变化的影响，我国东北地区水稻种植面积迅速扩大，使其成为我国一个重要的水稻产区，但是由于极端天气事件出现的频率和强度的增加也造成很多地区水稻高温热害加重，导致水稻减产，因此预测未来我国近、中期水稻产量的变化对我国水稻生产具有重要的研究和实践意义。

1. 我国水稻年平均单产的变化

将全国各网格的模拟所得的近期（21 世纪 20 年代）、中期（21 世纪 50 年代）的水稻单产，与全国基准时段水稻平均单产进行比较，获得 RCP 情景下，全国未来近、中期水稻年平均单产变化情况（表 1-9）。

表 1-9　未来 RCP 气候变化情景下，未来近、中期我国水稻单产变化值（相较于基准时段 BS，%）

年代	RCP4.5	RCP8.5
21 世纪 20 年代	−0.7	0.0
21 世纪 50 年代	3.8	0.9

从表 1-9 中可以看出，总体上来说，在 RCP 情景两种排放方案下（RCP4.5、RCP8.5）未来近、中期我国水稻年平均单产水平有增有减，并以正面影响为主。在未来近期，21世纪 20 年代，RCP4.5 方案下产量略有少量下降趋势（约减少了 0.7%），而 RCP8.5 排放方案下，水稻年平均单产基本保持不变，未表现出增减趋势。可见在未来近期，我国水稻的年平均单产不会受到气候变化较大影响，水稻生产相对稳定；到未来中期，21 世纪50 年代，受气候变化的影响，我国水稻年单产在两种排放方案下，均表现出了一定程度的增加趋势，两种方案相比，RCP4.5 排放方案下，水稻年单产增加幅度（3.8%）又高于RCP8.5 排放方案（0.9%），但增加幅度都比较小，均未超过 5%。综上可见，无论是何种排放方案、无论是未来近期或者中期，我国水稻生产受到气候变化的影响基本不大，全国水稻的年平均单产较基准时段相比，基本保持不变或有少许波动。这可能与研究中模拟的过程有一定的关系，气候变化温度升高，长江中下游地区单季稻将更适宜双季稻种植，由于在计算过程中自动选择单、双季稻产量，运算中在"单改双"后这些地区模拟产量显著提高，而这些地区在我国水稻生产中又占有相当的比重，因此当计算全国平均水稻单产时，将会在一定程度上提高单产平均值。另外模拟中，CO_2 浓度的升高，其肥效作用也在一定程度上抵消了增温的负面影响造成的，有利于水稻产量增加或者维持不变。

2. 两种排放方案对水稻年单产变化的空间分布影响

未来气候变化对我国不同区域的水稻产量影响不同，在不同排放方案下，不同时段，不同区域，水稻的年单产变化（较基准时段 BS）略有不同，但总体上来看，部分区域表现为水稻年单产增加，而有些地区年平均单产量则表现出一定程度的减少。具体而言，在 RCP4.5 排放方案下，21 世纪 20 年代，我国大部分水稻稻区表现出一定幅度地增加或者基本维持不变，增产区域主要集中在东北稻区、西北稻区、华北稻区和西南稻区的部分地区，以及长江流域的部分省份，主要包括江苏、安徽、湖北的部分地区。在这些增产的区域，增产幅度为 0～40%，增产幅度较大地区主要有黑龙江、江苏、安徽、湖南等省的部分地区，仅有少部分地区增产，这些地区也是我国水稻生产的主产区之一，因此未来这些地区水稻单产的增加，对我国水稻生产和总产量的提高都是十分有利的。在部分地区仍有减产表现，并主要集中在华南稻区和长江流域的湖南、江西、浙江等省的大部分地区，但是减产幅度主要集中在 0～30%之间，且大部分地区减产的幅度集中在10%以内，仅在湖南部分区域超过 20%。可见尽管部分地区出现一定程度的减产，但是减产幅度不大。在 21 世纪 20 年代，在 RCP8.5 排放方案下，各区域水稻年单产变化的空间分布情况与 RCP4.5 排放方案的情况相似，增产区域、减产区域基本一致，但是产量的变化幅度有差异。部分地区增产幅度进一步增加，在黑龙江、江苏等省，部分区域水稻增产幅度超过 50%；而部分地区的减产幅度也有所降低，如湖南省的西北部，在 RCP4.5 排放方案下减产幅度超过了 30%，而 RCP8.5 排放方案下减产的幅度都低于 30%。这种产量变化幅度的差异可能与两种排放方案的气候因素差异有关。

21 世纪 50 年代两种排放方案下，我国水稻单产空间分布情况，总体上来说，大部分区域与 21 世纪 20 年代的变化基本一致，个别区域略有差异。差异的地方主要表现在，西南稻区的贵州和四川、重庆的部分稻区，由 21 世纪 20 年代的略有减产逐渐变成略有增产的区域，而河南水稻的减产面积和幅度则有增加趋势。21 世纪 50 年代两种排放方案相比，总体趋势表现一致，但 RCP8.5 排放方案下减产的幅度较 RCP4.5 排放方案要更明显，如广东、广西南部地区、安徽北部地区减产幅度均超过了 20%。

这种差异可能与两种排放方案的气候因素不同有关。

综上可见，尽管未来近、中期气候变化对我国水稻生产产生了一定的影响，但是水稻生产前景仍较为乐观，尤其是对我国新的水稻生产主产区东北稻区，未来气候变暖为其带来了有利的热量条件，从而促进了水稻生产。因此应进一步抓住气候变暖的有利条件，积极发展我国东北稻区的水稻产业。而南方稻区尤其是华南稻区，无论是何种情景，无论是未来近、中期，其水稻单产都是以减产为主，尽管产量变化幅度不大，但是仍需要在生产上积极地应对这种不利影响。而长江中下游流域稻区，部分省份稻区（如江苏、安徽的部分地区）有增产区域，而另一些省份（湖南、江西的大部分地区）则有减产趋势，作为水稻的另一个主产区，需要抓住气候变化提供的条件，趋利避害，为该区的水稻生产创造条件。

1.3.2　RCP 情景下未来近、中期我国小麦单产变化

我国是世界上种植小麦面积最大、产量最高的国家之一，小麦也是我国主要粮食作物，尤其在北方地区是食用最广的细粮作物。我国小麦种植分布广泛，但主要产区集中在北纬 20°～41° 的地区，其中河南、山东、河北、安徽、甘肃、新疆、江苏、陕西、四川、山西、内蒙古、湖北栽培最多，约占全国麦田面积 4/5 以上，总产量占全国小麦总产量近 90%，尤以河南和山东面积最大。

我国小麦生态类型、生态特性、生态环境都存在很大差异。其中根据小麦生态类型可以分为冬小麦与春小麦两种类型；春小麦要求 ≥0℃积温、1400～2200℃，因此在我国春小麦种植无北界，其分布的南界大致在秦岭、淮河一线，基本为 1 月平均气温 0℃等值线附近；而由于越冬条件的限制及品种的特性，我国冬小麦存在北界，随着气候变暖导致热量条件改变，冬小麦种植北界也正发生变化，逐渐向高纬度地区移动，但是这也给小麦生产带来一定的风险。因此预测和了解未来气候情景下我国小麦产量变化，可以为小麦生产的趋利避害，促进我国小麦生产的高产和稳产，提供一定的科学指导。

1. 我国小麦年平均单产的变化

本节研究将小麦水分管理设置为雨养和灌溉两种模式。雨养小麦即在整个生育期中水分只来源于降水，而灌溉小麦，则是在生育期过程中，除了降水外，还提供灌溉为其补给水分，而每次的灌溉量和灌溉的时间有模型设置，即模拟时选择自动灌溉方式，当土壤有效含水量小于 60%时进行定量灌溉 10mm。表 1-10 为全国各网格的模拟所得的RCP 情景下（RCP4.5、RCP8.5），未来近（21 世纪 20 年代）、中期（21 世纪 50 年代）的小麦单产，与全国基准时段小麦平均单产的变化情况。

表 1-10　未来 RCP 气候变化情景下，未来近、中期我国小麦单产变化值（相较于基准时段 BS，%）

年代	RCP4.5		RCP8.5	
	灌溉	雨养	灌溉	雨养
21 世纪 20 年代	7.5	27.4	1.3	18.7
21 世纪 50 年代	5.2	15.4	−2.3	15.5

从表 1-10 可见，总体上来说，在 RCP 情景两种排放方案下，无论是雨养条件，还是灌溉条件，未来近、中期我国小麦年平均单产水平主要以增加趋势为主（除了 RCP8.5排放方案下 21 世纪 50 年代的灌溉小麦）。其中，在未来近期，21 世纪 20 年代，两种排放方案下，无论雨养小麦还是灌溉小麦，均表现出产量增加的趋势，增加幅度为 1%～30%，无论是哪种排放方案，雨养小麦的增加幅度要远大于灌溉小麦，雨养小麦的增加幅度均超过了 18%，在 RCP4.5 的排放方案下，雨养小麦的增幅可以超过 27%。而灌溉小麦的增加幅度都不大，均低于 10%；RCP8.5 的排放方案下，灌溉小麦的增幅甚至不超过 1%，与基准时段基本没有差异。21 世纪 50 年代，气候变化对小麦产量将仍然以正面影响为主，仍表现出雨养小麦的增加幅度要大于灌溉小麦，但 21 世纪 50 年代的增加幅度都低于 16%以内，较 21 世纪 20 年代都有所下降，尤其是 RCP8.5 的排放方案下的灌溉小麦，甚至出现了产量有下降的趋势（约减产 2.3%）。

综上可见，无论是何种排放方案、无论是未来近期或者中期，无论是雨养或灌溉模式，未来气候变化对我国小麦生产的冲击不大，基本以促进我国小麦生产为主，这可能是与 CO_2 浓度的肥效作用在一定程度上抵消了增温的负面影响有一定关系。气候变化对小麦产量的促进作用，雨养小麦受益要大于灌溉小麦，这可能是由于在基准时段雨养小麦产量较低，气候变暖同时也带来了降水条件的变化，导致部分区域降水量增多，促进了雨养小麦生产的发展；另外，以往的研究也指出较高的 CO_2 浓度除了其有利的肥效作用之外，还可以在一定程度上明显地提高作物的水分利用效率，显著增强作物的耐旱性，从而在一定程度上可以缓解气候变化的不利影响，这也为雨养小麦产量的增长提供了有利条件。未来近期和中期相比，21世纪20年代气候变化对我国小麦的促进作用也要大于未来中期，而气候变化相对缓和的RCP4.5的排放方案，对我国小麦生产较RCP8.5的排放方案也更有利，值得指出的是，RCP8.5的排放方案下，21世纪50年代的灌溉小麦已经开始出现减产趋势。在这也说明，从目前的近期、中期来看，我国小麦生产仍处于有利的气候条件下，但是随着未来气候的持续变暖和未来气候变暖程度的加剧，小麦生产的有利条件将会逐渐消减，小麦生产将可能会面临着风险，因此在生产中，提醒我们仍然不可掉以轻心，仍需要积极探寻小麦生产中的减缓和适应气候变化的有效途径，以确保我国小麦生产的高产、稳产局面的持续发展。

2. 两种排放方案对小麦年均单产变化的空间分布影响

未来近、中期我国区域间小麦单产变化趋势不同，两种RCP排放方案下，灌溉小麦的年单产变化（较基准时段BS），因不同排放方案，不同时段，不同区域略有不同，但总体上来看，大部分区域表现为灌溉小麦年均单产呈现增加趋势，而有些地区年平均单产量则有一定程度的减少。在RCP4.5排放方案下，21世纪20年代，我国灌溉小麦在大部分麦区表现出一定幅度地增加或者基本维持不变，仅有少数区域出现产量降低趋势，降低的幅度也不大，集中在–10%以内。这些增产区域主要集中在东北、西北、新疆和华北的部分地区，增产幅度为0~50%，但主要集中在10%以内，仅个别地区增产幅度较大。作为我国小麦的主要产区，黄淮海平原，尽管该区总体表现出增产趋势，但是该区也是未来近期灌溉玉米减产区域主要集中的地区，在山东、河南、河北和安徽北部都出现了超过减产幅度10%的区域。与RCP4.5排放方案相比，在21世纪20年代，在RCP8.5排放方案下，全国灌溉玉米年单产变化增产区域有所减少，但增产的幅度有增加趋势，而与此同时，气候变暖的负面影响在越来越多的区域开始显现，减产区域发生了进一步的扩大，减产的幅度也有所增大。这些变化的区域主要在我国小麦的主产区黄淮海平原，山东、河南、河北、陕西、安徽、江苏等省份减产区域进一步扩大，有些省份小麦产量变化已经由增产为主转变成减产为主（如山东、河南），而且减产的幅度也明显增加，甚至有些地区已经超过–50%。21世纪20年代，两种排放方案下，灌溉小麦产量分布差异，可能是由于未来这两种排放方案下，气候因素差异引起的，RCP8.5排放方案下，由于有更高的变暖趋势，对我国小麦生产的负面影响也更明显。

21世纪50年代两种排放方案下，我国灌溉小麦年均单产空间分布情况，总体上来说，与21世纪20年代的变化基本一致，差异的地方主要表现在：21世纪50年代，各增产和减产区域的产量变化幅度较21世纪20年代有所增大，且这种差异在RCP4.5的排放方案下尤其明显。21世纪50年代，RCP4.5排放方案下，灌溉小麦增产区域的增产幅度基本都已经超过了 10%，集中于 10%~20%，而减产区域的减产幅度也更加明显，甚至部分地区已经超过-40%。两个时段的这种变化幅度的差异也说明，随着气候变暖的持续，未来中期，气候变化对我国小麦的影响将逐渐显现出来。

两种 RCP 排放方案下，不同排放方案，不同时段，不同区域雨养小麦的年单产变化（较基准时段 BS）略有不同，但总体表现为大部分区域雨养小麦年均单产量有一定程度的增加，而有些地区则将减少。在 RCP4.5 排放方案下，21 世纪 20 年代，几乎我国所有麦区，雨养小麦均表现出一定幅度地增加或者基本维持不变，增加的幅度集中在 10%~20%之间，部分区域增幅超过 20%。其中增产幅度较大的地区，主要在内蒙古、吉林、河北、安徽、江西、贵州等省（市）的部分地区，其增产幅度可达 30%左右。同为 21 世纪 20 年代，在 RCP8.5 排放方案下，各区域雨养小麦年均单产变化的空间分布情况，增产区域较 RCP4.5 排放方案下有所减少，而减产的区域则相对扩大，减产区域主要增加在河南、湖北、江苏、浙江、贵州等省份。此外，在一些地区，如吉林、贵州和湖南等地，其增产程度也开始放缓，但也有个别省份增产幅度有所扩大，如河北省，这可能与不同区域未来气候变化的特征不同有一定的关系。但总的来说，在 21 世纪 20 年代，我国雨养小麦的生产前景仍是较为乐观的。

到了 21 世纪 50 年代，气候变化对我国雨养小麦的负面影响也逐渐地显现出来。与 21 世纪 20 年代相比，总体上来说，我国雨养小麦年均单产空间分布表现为，增产区域进一步缩小，减产区域进一步扩大，各增产和减产区域的产量变化幅度也较 21 世纪 20 年代有所增大。与 21 世纪 20 年代相比，在 RCP4.5 排放方案下，黄淮海平原地区的雨养小麦减产面积进一步扩大，山东、河南、安徽、江苏都出现较明显的减产区域，减产幅度也进一步增大，个别地区甚至超过 50%。但增产区域的产量变化幅度也有所增加，大部分区域增产更加明显，增产比率也主要集中在 20%~30%之间，增幅超过 30%的区域也有所增加，这也说明未来中期我国雨养小麦的生产的发展区域差异性逐渐扩大。而与 RCP4.5 排放方案相比，RCP8.5 排放方案下，减产区域将进一步扩大，产量变化幅度（无论是增产或减产）都进一步扩大，这主要与 RCP8.5 排放方案气候变化幅度更明显有关。

无论是灌溉条件还是雨养条件，无论是哪种排放方案，未来近、中期我国小麦表现出增产的区域主要在东北、西北等地区，气候变暖，改善了高纬度地区的热量条件（前人的研究也指出气候变暖，尤其是高纬度地区热量资源变化表现相对明显），为我国北方麦业生产的发展提供了有利的条件。目前，西北和东北的小麦生产主要以春小麦为主，气候变暖后，已有研究指出，冬小麦的种植北界可以进一步北移，但是生产上还必须注意，尽管热量条件改善为小麦生产提供了可能，但是气候要素的不稳定也会导致小麦冷、冻害的增加，因此生产中还需要因地制宜地安排生产，不可盲目地推进。另外还值得注意的是，无论雨养还是灌溉小麦，无论哪种排放方案，黄淮海平原是我国未来近、中期小麦产量主要减产区域，而由于这一地区是我国小麦的主产区之一，其小麦产量在我国小麦的生产和总产量中都占有相当的比重，因此气候变化对该地区产量的这种负面影响是不可忽视的，值得我们进一步深入研究和关注。

1.3.3 我国玉米年平均单产的变化

玉米是世界第一大种植作物，它既是我国重要的粮食作物，也是重要的优良畜牧饲料和工业原料作物之一，在我国农业生产中占有相当大的比重。我国玉米种植以暖温带及其以南为主，主要分布于年降水量600～1500mm区域，且1/2在雨养农业区。玉米种植方式多样，包括春播、晚春播、夏播、秋播及冬播等方式，且多与其他作物间种、套种。

与其他主要粮食作物，如水稻、小麦等C3作物相比，作为C4植物玉米，更易受到气候变化的影响，而且受气候变化的影响，有些地区玉米种植面积也在大幅度地增加（如东北地区），进一步了解和预测未来近、中期气候变化对我国玉米生产的影响，对提高和稳定我国玉米产量，促进未来我国玉米生产的发展尤为重要。

1. RCP情景下未来近、中期我国玉米单产变化

与小麦水分管理设置相似，研究同样将玉米的水分管理设置为雨养和灌溉两种模式，即雨养玉米和灌溉玉米，其水分的管理模式和计量与小麦相同。表1-11为RCP排放方案下（RCP4.5、RCP8.5），未来近期（21世纪20年代）、中期（21世纪50年代）全国各网格模拟的玉米年平均单产相对于全国基准时段（BS）的变化情况。

表1-11 未来RCP气候变化情景下，未来近、中期我国玉米单产变化值（相较于基准时段BS，%）

年代	RCP4.5		RCP8.5	
	灌溉	雨养	灌溉	雨养
21世纪20年代	−2.4	4.0	−1.9	4.6
21世纪50年代	−4.2	4.7	−7.3	1.5

从表1-11中可见，总体上来说，在RCP情景两种排放方案下，雨养条件下，无论未来近期、中期，我国雨养玉米年平均单产量均表现出一定程度的增加趋势，但增长幅度并不大（1%～5%）；而灌溉条件下，玉米年平均单产量均呈现出减产趋势，减产的幅度为−8%～−1%。其中，在RCP4.5排放方案下，雨养玉米的年平均单产增加幅度在4%左右，21世纪20年代增加幅度（4%）略低于21世纪50年代（4.7%）。而在气候变化更强烈的RCP8.5排放方案下，21世纪20年代雨养玉米的增加幅度仍维持在4%左右，

而 21 世纪 50 年代气候变化对雨养玉米产量的促进作用已经逐渐下降，增加幅度也降低至 1%左右。与雨养玉米相比，未来气候变化下，灌溉玉米均显现出负面影响，在 RCP4.5 的排放方案下，21 世纪 20 年代灌溉玉米单产降低幅度在 2%左右，而 21 世纪 50 年代灌溉玉米单产将进一步降低，但幅度仍不大，约在 4%左右。在 RCP8.5 的排放方案下，气候变化对灌溉玉米的影响与 RCP4.5 的排放方案相似，仍表现出未来近期灌溉玉米产量小幅度的下降（−2%左右），而远期下降幅度将呈扩大的趋势（−7%左右）。

综上可见，气候变化对我国玉米生产影响，因水分管理不同而存在差异，无论是何种排放方案，未来近期、中期，气候变化对我国雨养玉米生长都有一定的促进作用，在一定程度上提高了雨养玉米年平均单产量；而对于灌溉玉米，气候变化对其生产以负面影响为主。这种差异可能与 CO_2 浓度可以在一定程度上明显地提高作物的水分利用效率、显著增强作物的耐旱性有关。当未来气候变暖，CO_2 浓度进一步增加时，雨养玉米水分利用效率的提高，使其收益明显，在一定程度上促进了其单产量的提高。从产量变化幅度来看，气候变化无论是对雨养玉米的促进作用，还是对灌溉玉米的负面影响，无论哪种排放方案下，未来近、中期我国玉米年均单产量的变化幅度都不大，可以说，近、中期未来气候变化对我国玉米生产的影响不大，我国玉米单产量基本可以维持在基准年份 BS 的水平，只是略有波动。但是需要指出的是，就不同排放方案和未来近、中期的不同时段来看，随着未来气候的持续变暖，和未来气候变暖程度的加剧，气候变化对我国雨养玉米生产的促进作用会逐渐消减，而对灌溉玉米的负面影响也有逐级增加的趋势，这说明未来我国玉米生产仍面临着一定的风险，我们应该防患于未然，在生产中仍需探寻有效的减缓和适应途径，以确保我国玉米生产健康良性发展。

2. 两种排放方案对玉米年均单产变化的空间分布影响

两种 RCP 排放方案下，不同排放方案，不同时段，我国各区域灌溉玉米的年单产变化（较基准时段 BS）存在差异，灌溉玉米的年平均单产变化有增有减。具体来说，在 RCP4.5 排放方案下，21 世纪 20 年代，我国灌溉玉米在部分地区表现出一定幅度的增加。这些增产区域主要集中在黑龙江、内蒙古、陕西、甘肃和新疆等省（自治区），增产幅度为 0～50%，在部分高纬度地区增产幅度相对较大。而我国灌溉玉米的大部分主要表现出略有减产的趋势，这些区域主要包括华北平原、东北的辽宁、吉林的大部分地区、西南的大部分玉米生产区等，尽管减产面积较大，但减产幅度不大，集中在−10%以内，个别地区，如辽宁、内蒙古和吉林等省（自治区）的部分地区，减产幅度超过 20%。在 21 世纪 20 年代，在 RCP8.5 排放方案下，全国灌溉玉米区域分布与 RCP4.5 排放方案相似，但是部分区域减产的幅度有所增大，如我国华南地区，减产幅度逐渐超过 10%，内蒙古和陕西的部分地区减产幅度也逐渐超过 20%。到了 21 世纪 50 年代，气候变化对我国灌溉玉米的负面影响显现更为明显，在 RCP4.5 排放方案下，内蒙古、陕西、宁夏、吉林、辽宁、黑龙江等省（自治区）的部分地区，减产幅度主要集中在−40%～−20%之间。在 RCP8.5 排放方案下，内蒙古、陕西、宁夏一带的玉米产区受到的负面影响进一步加重，而福建、浙江等省的部分地区也出现超过−20%的产量变化区。可见，在未来近期，气候变化对我国大部分灌溉玉米产区表现为负面影响，但是影响程度不大，但随着气候的持续变暖，未来中期，这种负面影响会逐渐增加，尤其在我国有些省份（如内蒙古、辽宁、吉林、陕西等）灌溉玉米生产，这种负面影响将是十分不利的。

未来两种 RCP 排放方案下，21 世纪 20 年代和 21 世纪 50 年代，在 RCP4.5 排放方案下，21 世纪 20 年代我国部分地区雨养玉米的年单产量变化表现出减产的趋势，这些区域主要包括，东北的吉林、辽宁，华南、长江中下游等地区，但是产量减产幅度不大，主要集中在−10%以内，部分地区（如广西、广东、辽宁等部分区域）超过−10%。黑龙江、宁夏、内蒙古、山西、华北平原等地是我国雨养玉米年均单产量增加的主要区域，而且单产增加幅度在黑龙江、内蒙古、山西和宁夏等地增幅明显，甚至超过了 50%。在 RCP8.5 排放方案下，我国雨养玉米的年均单产变化分布情况与 RCP4.5 排放方案下，但是增产的区域已经有缩小的趋势，内蒙古和陕西部分区域已经由增产区域变为减产区域，且某些省份的雨养玉米的减产幅度也有所增加，这主要是由于 RCP8.5 较 RCP4.5 排放方案气候要素的变化更为明显的缘故。相同排放方案下，与 21 世纪 20 年代相比，未来中期 21 世纪 50 年代，气候变化对我国雨养玉米的负面影响也逐渐地显现出来。总体表现为增产区域进一步缩小，减产区域进一步扩大，减产区域的产量变化幅度也较 21 世纪 20 年代有所增大。例如，在 RCP4.5 排放方案下，21 世纪 50 年代，内蒙古、东北三省、陕西雨养玉米减产区域在扩大，减产的幅度也略有增加，但是这种变化仍然集中在−20%以内。RCP8.5 排放方案下，雨养玉米有相似的变化。综上可见，气候变化对我国雨养玉米单产的影响，也是部分区域受益，部分区域受损，但是由于负面影响导致雨养玉米产量下降幅度不大（主要集中在−10%以内），而部分增产区雨养玉米的增加幅度较大，甚至超过 50%，而且我国玉米产区所受的负面影响较小，因此从全国水平上来看，我国雨养玉米的年均单产量仍有增加趋势。

无论是灌溉条件还是雨养条件，无论是哪种排放方案，未来近期我国玉米生产表现出增产的区域主要在黑龙江和内蒙古等省（自治区）的部分地区，这与气候变暖，高纬度地区的热量条件的明显改善有密切关系，近年来东北地区玉米种植面积在逐渐扩大也体现了这一点，今后随着气候进一步变暖，生产中应该继续抓住这一有利的条件，发展我国玉米生产。但还必须注意，气候要素的不稳定也会导致玉米生产的气象灾害增加的问题。另外还值得注意的是，吉林、辽宁、宁夏等我国重要的春玉米产区，无论雨养还是灌溉小麦，无论哪种排放方案，气候变化对其影响都以负面效应为主，尤其是随着气候变暖的持续，这种负面影响越来越明显，因此在这些地区如何针对区域气候变化特征，因地制宜地寻找减缓和适应气候变化的有效途径,是我们下一步深入研究和关注的重要问题之一。

1.3.4　小结

综上分析可见,两种 RCP 情景下,气候变化对未来近、中期我国三大主要粮食作物水稻、小麦、玉米生产前景相对乐观,气候变化对各作物全国水平的年平均单产量的负面影响不大,在水稻、小麦和雨养玉米生产上还表现出单产量有一定程度的提高。其中,雨养小麦的单产变化幅度较为明显,而其他作物变化幅度都较小。未来近、中期我国各区域三大主要粮食作物,水稻、小麦和玉米的变化,利弊并存,既有产量增加的区域,也有单产量减少的区域。东北地区作为气候变暖,热量条件改善最明显的地区,未来在该地区都有相当一部分区域,水稻、小麦和玉米三大作物的单产量将得到一定的程度的提高,因此生产中应该抓住这一契机,以更好地为我国粮食生产的发展服务。但是也需要注意的是,在我国三大作物的另一些主产区,也受到气候变化的冲击。例如,长江流域中下游稻区的湖南、江西的大部分地区水稻单产出现减产趋势,黄淮海平原的麦区和吉林、辽宁、宁夏等地的春玉米主产区,也出现同样的问题。而且研究中发现,随着气候变暖的持续和程度的加深,气候变化的负面影响也将逐渐地显露出来,因此,尽管从全国总体水平上看,我国未来近、中期三大主要粮食作物水稻、小麦、玉米生产前景相对乐观,但仍不能掉以轻心,还需要在生产中配以减灾、防灾工作,继续探寻有效的减缓和适应途径,以保障我国三大粮食作物生产的持续发展。

1.4　本书的创新性和不确定性分析

1.4.1　创新性

研究首次对采用 IPCC 第五次评估报告(2013)提供的典型浓度路径情景(RCP),与过去的情景相比,有了进一步的改善,建立了大气污染预估的空间分布图,而且进一步加强了土地利用和陆面变化的预估。

研究首次开展我国网格(10km×10km)化的研究,与以往的研究中,我国网格主要是基于 50km×50km,这一改变提高了研究的分辨率,使研究结果更加细致,更有利于研究结果的实践转化,提高了研究的生产实践指导价值。

1.4.2 不确定性

研究利用 CERES 系列模型，运用了区域模拟方法，预测和评估了 RCP 情景下未来近、中期我国水稻、小麦、玉米三大粮食作物单产情况。研究过程中存在着一定不确定性，其主要来源主要可以概括为以下几方面：①研究采用 IPCC 的第五次评估报告（2013）提供的典型浓度路径情景（RCP），RCP 设定了多个级别的未来可能的情景假设，也由此生成了多套气候情景数据。尽管这些气候情景为气候变化研究工作提供了科学参考，且 RCP 气候排放情景与过去的情景相比，也有了进一步地改进，但是仍不可避免地存在着一定的不确定性。而且通过 RCP 排放方案所得的未来气候预测结果，并不能直接应用到农业生产的预测评估中，还必须经过降尺度处理才能满足农业生产研究的需要，研究中 RCP 情景选择由统计方法而生成未来逐日天气数据，而这一过程又一次不可避免地增加了新的不确定性。②研究采用作物模型模拟的方法，作物模型作为一种有效的研究工具和手段，近年来在农业决策管理、气候变化影响评价、精准农业以及农田科学管理等方面发挥着日益重要的作用，也是目前气候变化研究领域中运用最多的研究方法之一。然而，利用作物模型进行模拟时，由于模型本身的缺陷（如模型不能反映病虫草害的影响，还无法模拟一些气象灾害等）、观测的误差以及模型输入数据质量等原因，模拟结果总是存在着不确定性。尽管研究采用的 CERES 系列模型，在国际学术界都得到了广泛认可，而研究中为了降低这些不确定性也做了详细地校准和验证，但仍无法做到彻底消除其不确定性，比如模型本身对很多的问题还没有涉及，如极端天气事件、作物病虫害的影响等，又如模式中有关 CO_2 浓度对作物直接作用的部分，这些结果是在目前的气候状态下观测出来的，在未来高温的条件下这些关系是否继续适用还是个问题。同时这些因素都是影响未来作物生长的重要影响因子，在影响评价中也没有能考虑。这些都会导致研究结果存在一定的不确定性。③研究模拟过程中还存在一定的不确定性，例如在模型的空间校准的过程对一些复杂问题还做了简化处理，另外模拟过程中还没能考虑作物对气候变化适应和相应问题，这些也会引起导致模拟结果存在一定的不确定性。

尽管研究还存在一定的不确定性，但是研究结果仍能够揭示和反映出未来气候变化对我国主要粮食作物产量的影响，今后随着研究的深入，不断改进和完善研究方法和研究工具，尽可能地降低研究过程中不确定性，推动气候变化对我国粮食生产的影响评估工作的开展，为我国农业生产持续发展提供技术支持和参考。

参 考 文 献

邓可洪, 居辉, 熊伟, 等. 2006. 气候变化对中国农业的影响研究进展. 中国农学通报, 22(5): 439-441.

邓振镛, 张强, 尹宪志, 等. 2007. 干旱灾害对干旱气候变化的响应. 冰川冻土, 29(1): 114-118.

方修琦, 盛静芬. 2000. 从黑龙江省水稻面积的时空变化看人类对气候变化影响的适应. 自然资源学报, 15(3): 213-217.

何庆成, 李霞. 2009. 气候变化: 过去、现在和未来——第 33 届国际地质大会气候变化专题综述. 水文地质工程地质, 36(2): 136-140.

潘华盛, 张桂华, 祖世享. 2002. 气候变暖对黑龙江省水稻发展的影响及对策研究. 黑龙江气象, 4: 7-18.

秦大河, 陈振林, 罗勇, 等. 2007. 气候变化科学的最新认知. 气候变化研究进展, 3(2): 63-73.

王馥棠. 2002. 近十年来我国气候变暖影响研究的若干进展. 应用气象学报, 13(6): 755-766.

王媛, 方修琦, 徐锬, 等. 2005. 气候变暖与东北地区水稻种植的适应行动. 资源学报, 27(1): 121-127.

王遵娅, 张强, 陈峪, 等. 2008. 2008 年初我国低温雨雪冰冻灾害的气候特征. 气候变化研究进展, 4(2): 63-67.

熊伟, 许吟隆, 林而达, 等. 2005. IPCC SRES A2 和 B2 情景下我国玉米产量变化模拟. 中国农业气象, 26(1): 11-15.

熊伟, 杨婕, 林而达, 等. 2008. 未来不同气候变化情景下我国玉米产量的初步预测. 地球科学进展, 23(10): 1092-1101.

熊伟, 杨婕, 马占云. 2010. 气候变化对中国主要农作物秸秆资源的影响. 资源科学, 32(10): 1926-1931.

闫峻, 才玉石. 2008. 新时期林业生物灾害的形势和对策分析. 北京林业大学学报(社会科学版), 5(增刊): 59-62.

云雅如, 方修琦, 王丽岩, 等. 2007. 我国作物种植界线对气候变暖的适应性响应. 作物杂志, 3: 20-23.

张强, 邓振镛, 赵映东, 等. 2008. 全球气候变化对我国西北地区农业的影响. 生态学报, 28(3): 1210-1218.

郑大玮. 我国对于全球气候变化的农业适应对策. 地学前缘, 4(1-2): 80-81.

Xiong W, Holman I, Lin E, et al. 2010. Climate change, water availability and future cereal production in China. Agriculture, Ecosystems and Environment, 135(1): 58-69.

Xiong W, Lin E, Ju H, et al. 2007. Climate change and critical thresholds in China's food security. Climatic Change, 81(2): 205-221.

Yang X, Lin E D, Ma S M, et al. 2007. Adaptation of agriculture to warming in Northeast China. Climatic Change, 84(1): 45-58.

Zhang T, Zhu J, Wassmann R. 2010. Responses of rice yields to recent climate change in China: an empirical assessment based on long-term observations at different spatial scales(1985-2005). Agri-Forest Meteorology, 150(7): 1128-1137.

第2章 气候变化对农业熟制的影响与风险时空格局

2.1 气候变化与农业熟制的关系

全球气候变化已成为国际社会普遍关心的重大全球性问题。IPCC 第五次评估报告指出，1880 年以来地球表面气温上升了 0.85℃。基于新一代气候系统模式和新排放情景的模拟结果表明，与 1986～2005 年相比，2081～2100 年全球地表平均气温可能升高 0.3～4.8℃（IPCC, 2013）。越来越多的科学证据表明，气候变化已经引起地球表面温度上升、冰川融化、海平面上升等一系列的环境问题，影响人类赖以生存的自然生态系统。中国是全球受气候变化不利影响最严重的国家之一，气候变化对中国产生的影响是现实的、多方面的，而且未来将继续对中国自然生态系统和社会经济系统产生重要影响（第三次气候变化国家评估编制专家组，2016）。如何应对未来气候变化可能带来的不利影响，降低人员与经济财产损失，是摆在中国社会经济发展面前的现实问题。

"适应"和"减缓"是应对气候变化的两个主要途径。减缓是人类针对由于人类活动导致气候变化，采取有效措施（如减少温室气体排放等）从根本上降低或避免人为气候变化的趋势或幅度。但减缓措施的时效较滞后，而且需要巨大投入。适应是人类在不改变气候状况的情况下，直接应对气候变化所采取的措施。适应措施相对简单有效，而且如果不采取适应措施自然和社会系统可能受到致命的损害（FAO, 2008; Strand, 2000）。应对气候变化是一项长期艰巨复杂的任务，在中国社会经济快速发展的背景下，面对气候变化严峻挑战，适应气候变化是立足我国基本国情和发展阶段的正确选择（秦大河，2005）。气候变化对我国农业发展有重要影响，且以负面影响为主（Xiong et al., 2009; 秦大河, 2007）。农业种植制度是我国农业发展的全局性安排，而气候变化对农业熟制具有重要的影响，探索农业熟制对气候变化的响应和时空演变规律具有十分重要的战略意义。

2.1.1 我国农业熟制的变化对粮食安全具有重要的意义

1950～2010 年,我国耕地面积由 1992 年最高峰的 1.244 亿 hm^2 减少到 2009 年的 1.1 亿 hm^2。全国人均耕地面积由 0.144hm^2 减少到 0.075hm^2（王宏广，2005）。随着我国社会经济的快速发展，人口增长未达到峰值，特别是工业化、新型城镇化仍处于较快的发展阶段，即使我国采取了最严格的基本农田保护制度，未来我国耕地资源短缺、人均耕地减少问题仍然非常突出。

2010 年,中国科学技术协会发布中国科学院南京土壤研究所"基于 SOTER 的中国耕地后备资源自然质量适宜性评价"项目研究成果,提出我国具有不同适宜程度的耕地后备资源约 8 亿亩[①],这些资源主要分布在内蒙古、新疆、黑龙江、吉林、辽宁、陕西、河北、广西、山东和江西等省(自治区)。具有较好开发条件的占 40%左右,即约3.2 亿亩可以开垦为耕地。但陈印军等(2010)提出,由于生态环境脆弱、生产条件恶劣,之前提出的后备耕地绝大部分是不易利用的边际土地,因此 3.2 亿亩后备耕地存在较大疑问。2011 年国土资源部发布的国土资源调查结果,我国集中连片后备耕地资源 734.39万 hm^2,大约为 1.1 亿亩,大部分分布在北方和西部的干旱区,由于水资源的制约,开发难度和成本均较高。孔祥斌提出,经过多年的耕地占补平衡政策和农民的自发开发,我国适合开发的耕地后备资源已经殆尽,西北地区土地干旱、东北地区占用草地和湿地开发的土地不具有可持续性,还会引发严重的生态问题(Kong, 2014)。

我国粮食单产大多在 3500~5250kg/hm^2 的范围之内,粮食单产增产潜力一般在300~600kg 之间,增施化肥的增产效果一般在 5~10kg/kg(粮食/化肥)范围。粮食单产的潜力以西部地区最高,东部地区居中,而中部地区相应较低(曾希柏等,2001)。改革开放以来,我国粮食单产呈周期性增加规律,粮食单产周期性增加是作物品种周期性更新的结果。但近 30 年来,我国作物品种潜力水平的提高,主要是利用了育种材料的耐氮肥特性,而没有利用品种营养平衡的遗传特征,结果导致单位肥料的增产量逐年降低(褚清河和强彦珍,2010)。近年来,我国粮食单产提高的难度不断加大,速度放缓,主要是由于粮食生产目标多元化,投资重点向效益高的作物倾斜;农村劳动力转向效率更高的谋生途径,种植粮食的积极性不易持续提高;农业技术推广体系严重弱化,农业科技对生产的支持力度下降;水资源、极端事件频发等自然资源约束日益明显(霍治国,2002;霍治国等,2003;卢布等,2005;Ferguson et al., 2003; Fuhrer, 2003)。

精耕细作一直是我国农业生产的重要特点和农业高产的重要保证。特别是多熟制的广泛运用,在很大程度上弥补了我国耕地面积有限、人均耕地面积不足的问题。我国复种指数从 1950 年的 128%上升到 2001 年的 163.8%,这一阶段呈波动缓慢增长趋势。总体来说,我国多熟制农业生产相当于增加了 3400 万 hm^2 的耕地,多生产了 1.5 亿 t 粮食,养活了 3.7 亿人口(王宏广,2005)。维持农业多熟制生产规模,保证较高水平的复种指数,对延续我国粮食产量增长,确保我国粮食安全具有重要的意义。我国农业生产长期强调 18 亿亩耕地的"红线"不能触动,但实际上由较高的复种指数所产出的粮食产量贡献构成了我国粮食安全的"隐形红线",我国农业能以占世界 10%的耕地养活着世界上22%的人口,多熟种植起着决定性的作用(刘巽浩等,1998)。若复种指数大幅下滑,也

---

① 1 亩≈666.7m^2

会对我国粮食安全构成直接的威胁。但近年来，随着我国社会经济的快速发展，特别是农业的经济比较优势大幅下降，我国多熟制区的复种指数均出现大幅下降（王宏广，2005；孙芳和杨修，2005）。

2.1.2　需要精准评估气候变化对农业熟制的影响

1990～2010 年之间的气候变暖已显示出其对我国作物种植熟制有显著影响。不仅适宜作物种植和多熟种植的北界已明显北移。其中青藏高原、西北、西南、华东和华南地区丘陵山地的复种指数增加幅度较大（张强等，2008）；主要作物的种植结构和品种布局也发生了明显变化：南方的水稻品种逐渐向北方扩展（李一平，2004），冬小麦种植北界北移西扩（刘颖杰和林而达，2007）。气候变暖使农作物春季物候期提前，生长期延长，生长期内热量充足，这在一定程度上，对粮食生产的发展是有利的（纪瑞鹏等，2003）；但在华北、西北和西南地区，由于农作物对温度升高的适应性较差，虽然热量充分，但受有效水资源不足的限制，气候变暖对粮食生产和相应的种植熟制的影响并不十分显著（李茂松等，2003）。由于不同地区气候变暖的程度和趋势不同，对种植业及其种植制度的影响也不尽相同（霍治国和王石立，2009）。双季稻栽培已经由北纬 28°北移至北纬 30°，麦稻两熟从长江流域延伸到长城以南的平原地区（云雅如等，2007），喜温喜湿的水稻播种面积大幅度增加，其种植北界已移至大约北纬 52°的呼玛等地区；玉米晚熟品种的种植面积也已从平原地区逐渐向北扩展到大兴安岭和伊春地区，向北推移了约 4 个纬度。黑龙江省粮食作物的种植结构发生了很大变化，总体上，已从主要以小麦和玉米为主变化为以玉米和水稻为主。此外，气候变暖还使西北地区农作物的种植结构发生了较大的改变，21 世纪与 20 世纪 60 年代相比，东部冬小麦种植北界向北扩展了 50～100km，向西延伸明显，种植分布也从海拔 1800～1900m 上升到 2000～2100m，种植面积扩大了 10%～20%（谢立勇等，2002；王宗明等，2007；王馥棠和刘文泉，2003；王菱等，2004）；喜热作物棉花适宜种植区的海拔高度升高了 100m 左右；复种作物适宜种植区的海拔高度升高了约 200m，相应的种植面积明显扩大（邓振镛等，2007a，2007b）。在西藏地区，玉米种植的海拔高度逐渐提高，目前较早熟的品种在海拔 3840m 的地方已可种植（任国玉，2007；王遵娅等，2008）。总体来看，气候变化带来的热量、水分条件改变为我国农业熟制的发展提供了潜在的可能性，如果真正有效利用和发挥气候资源的潜力仍面临问题。

刘巽浩和韩湘玲（1987）利用各地气象台站的气候统计资料并结合农学家相关研究成果，较早建立了我国的农业种植制度气候区划指标体系。郭柏林（1997）根据 20 世纪90 年代我国 500 多个县资料统计数据分析了我国农业复种指数的变化特征、效益和潜力。杨金深和孙丽敏（2000）、张厚瑄（2000）依据中国农业统计资料数据分析了我国多熟种植面积边界的变化。Li（2002）和熊伟等（2008）根据气候影响模型得出了气候变暖将使目前大部分二熟制地区被不同组合的三熟制取代,二熟制区域北界北移,一熟制地区面积减少。居辉等（2008）和方修奇等（2004）依据气候影响模型研究得出气候变化使高纬度地区热量资源改善,将促使作物生育期延长,喜温作物界限北移,促进了作物种植制度结构调整。

　　气候变化为农业熟制的发展提供了潜在的可能性。但实际上,我国农业生产过程,农业熟制形成和发展与气候变化之间的关系仍需要深入的研究（邓可洪等,2006）。特别是全国尺度农业熟制的时空动态变化,需要开展详细的年际动态跟踪研究。

2.1.3　需要识别气候与非气候因素对农业熟制的影响

　　农业熟制是农业生产的重要组成部分,也遵循农业生产受社会、经济、技术条件调整与控制的生物过程的原理（王宏广,2005）。农业生物潜力决定了农业潜力,面临潜力的实现程度则取决于社会经济、科学技术,以及农业生产的自然环境条件（吴志祥和周兆德,2004;熊伟等,2005）。因此,农业熟制作为自然和社会经济因素共同作用的产物,其形成与发展过程均受到自然因素和社会经济因素的共同制约。

　　近年来,国内外学术界对气候变化对农业的影响评估高度重视,开展了大量的观测、评估和综合研究,但由于农业生产过程的复杂性,很多成果的结论并不一致（Mirza,2003;蔡承智等,2008;王馥棠等,2003;王铮和郑一萍,2001）。近年来,气候变暖趋势明显、极端天气事件增多、部分地区暖干化趋势和洪涝灾害并存等,对我国粮食生产造成显著影响。在气候变暖的大背景下,预计未来增温幅度还将继续扩大,极端天气事件将进一步增多和加重,从而对未来粮食生产将造成潜在影响（Xiong et al.,2008）。粮食生产是关系到国计民生的重要问题,是国民经济和国家稳定的基础,增加粮食总产,保证人均粮食供应仍然是近中期农业生产的重点。然而粮食生产容易受到多种因素的影响,气候变化就是其中之一（Xiong et al.,2009;王爱娥,2006;赵艳霞等,2007）。气候变化对农业生产的影响表现为利弊并存,虽然一定程度上改善了部分地区的热量资源,促进了作物种植结构调整,但也增大了极端气候事件和病虫草害等的发生程度和频率,影响了粮食的高产和稳产（王石立,2005;王春乙,2007;王馥棠,2002）。通过气候变化对农业生产影响的评估研究,可以客观地认识气候变化的影响、影响程度、影响区域,为农业生产的趋利避害、可持续发展提供基础信息服务,为改善农业生产活动提供依据（Tao et al.,2008;Xiong et al.,2010）。因此,开展气候变化对农业影响的评估研究是加强国家粮食安全,减缓气候变化对粮食生产影响的重要保障之一。

　　因此,需要全面系统地评估气候变化对我国农业熟制的影响,为正确认识气候变化对我国农业生产的影响,实现农业生产的可持续发展,制定农业应对气候变化政策和战略提供科技支撑。

2.2 1982～2011 年气候变化对农业生产影响的时空格局

农业潜在熟制是由气候资源因素支撑的理想状态下的农业熟制分布,为实际熟制的分布确定了最大可能范围。气候变化的长期趋势将改变农业气候资源在空间上的分布特征,农业气候资源的变化可以决定农业潜在熟制的空间动态。因此,本节通过对 1982～2011 年农业气候资源的变化推算我国农业潜在熟制的时空演变。

2.2.1 1982～2011 年我国农业潜在熟制的时空变化

1. 1982～2011 年我国农业气候资源的时空变化

农业气候资源主要以积温、降水和秋季降温速率为表征。1982～2011 年,气候变化导致我国农业气候资源发生变化,可对 0℃积温、极端最低、气温 20℃终止旬和降水量分别进行分析,揭示气候资源的动态变化。

1) 1982～2011 年我国逐年≥0℃积温的时空变化

以 1982～2010 年我国 720 个基础气象站点逐日的实测数据为基础(Zhang et al., 2006),运用反距离权重插值方法,计算 1982～2010 年逐年的我国≥0℃积温,结果如下:1982～2011 年的 30 年中:①我国 0℃积温的基本格局特征明显,积温 5900℃以上主要分布在西南、华南、四川盆地以及藏南地区等;积温 4000～5900℃主要分布在华北、华中、新疆南部和内蒙古西部地区;积温 4000℃以下主要分布在东北、内蒙古中东部、新疆北部、青藏高原地区。②积温分布纬度和我国宏观地形相关,积温 5900℃以上主要分布在低纬度地区;积温 4000～5900℃地区按纬度包括青藏高原地区,但由于高原地形,使积温 4000～5900℃分布的地区向北移至新疆南部和内蒙古西部地区。

为开展积温的动态趋势分析,将 1982～2011 年划分为 5 年的周期,分析比较 6 个时段我国≥0℃积温的时空变化。可见:①大于 5900℃积温在 1982～1986 年分布在云南南部、广东、广西、江西、海南、湖南东部、湖北南部和四川盆地,而 2007～2010 年扩展到浙江、安徽和上海。②积温 4000～5900℃分布范围 2007～2010 年比 1982～1986 年有扩大,主要表现由 1982～1986 年的北京、河北向北扩展到辽宁省北部,且内蒙古西部的分布范围扩大。

2) 1982～2011 年我国逐年极端最低气温的时空变化

以 1982～2010 年我国气象站点逐日的实测数据为基础,运用插值方法,计算 1982～2010 年我国逐年的极端最低气温,结果如下:①我国极端最低温存在由东南向西北过渡的格局;②从极端最低温的分布来看,内蒙古和甘肃地区空间变化较大,较不稳定。

为开展极端最低气温的动态趋势分析,将 1982~2011 年划分为 5 年的周期,分析比较 6 个时段我国极端最低气温的时空变化,结果如下:①极端最低温分布于我国北方大部分地区,主要对一熟区的潜在分布有限制作用;②内蒙古、甘肃地区格局不稳定。

3)1982~2011 年我国逐年降水的时空变化

以 1982~2010 年我国气象站点逐日的实测数据为基础,运用插值方法,计算 1982~2010 年我国逐年的降水,结果如下:①我国降水的基本格局特征明显,由南向北、由东向西逐步减少。②降水分布年际变化最剧烈的地区为东北地区和西南地区。为开展降水的动态趋势分析,将 1982~2011 年划分为 5 年的周期,分析比较 6 个时段我国降水的时空变化。我国降水的分布格局没有显著变化,但局部的动态变化幅度较大,但没有显著的趋势性。东北地区和西南地区的降水变幅最大,对农业生产的影响较大。

4)1982~2011 年我国 20℃终止旬的时空变化

以 1982~2010 年我国气象站点逐日的实测数据为基础,运用反距离权重插值方法,计算 1982~2010 年我国逐年的 20℃终止旬的时空变化,结果如下:①我国 20℃终止旬分布具有显著的空间特征。由东南向西北,20℃终止旬的时间由 11 月上旬逐步提前到 8 月上旬,适宜作物生长的天数变短。②虽然 20℃终止旬也是反映热量水平的指标,是由日平均温度计算获得,与计算积温的数据来源是一致的,但 20℃终止旬的时空分布与积温对比,表现出较强的不稳定性,空间动态变化较强。

为开展 20℃终止旬的动态趋势分析,将 1982~2011 年划分为 5 年的周期,分析比较 6 个时段我国 20℃终止旬的时空变化,结果如下:①20℃终止旬与积温相比,没有呈现出向北扩张的趋势,而表现为波动的变化,其中华北和新疆南部地区特别明显。②20℃终止旬表征秋季温度的下降速度,可见我国秋季温度下降速度的年际变化强烈,对农作物的收获期安全造成严重的威胁。

2. 1982~2011 年我国农业潜在熟制的时空演变

根据农业种植制度区划指标体系(表 2-1),基于全国 720 个基础气象站点观测数据,选择积温、极端最低温两个农业熟制一级区划的核心指标,计算 1982~2011 年我国农业潜在熟制主要特征。

表 2-1 农业气候资源与农业熟制区划(程纯枢等,1990)

符号	带名	区划指标	
		≥0℃积温/℃	极端最低温度/℃
A	一年一熟带	<4000 ~ 4200	<−20
B	一年二熟带	>4000 ~ 4200	>−20
C	一年三熟带	>5900 ~ 6100	>−20

1982～2011 年我国农业潜在熟制的计算结果表明：①我国农业潜在熟制的空间分布特征明显，宏观上自东南向西北依次为三熟制、二熟制和一熟制。②三熟制主要分布在长江以南地区、西南南部和四川盆地；二熟制主要分布在黄淮海平原、西南地区北部和新疆南部地区；一熟区在东北、西北和青藏高原广泛分布。③我国农业潜在熟制的空间分布有明显向北扩展的特征，特别是在三熟区、二熟区的北界动态明显。

2.2.2　1982～2011 年我国农业实际熟制的时空变化

1982～2011 年我国农业生产取得了巨大的进步，农业生产率显著提高，农业管理模式与水平提升，农业从业人口大幅下降，相应的农业熟制也不断发生演变。基于 1982～2011 年可靠的遥感数据，根据作物生长曲线表征农业熟制的原理，利用基于作物生长周期的启发式滑动分割算法进行模型计算，获得 1982～2011 年气候变化背景下我国农业熟制时空分布与演变过程，为深入认识我国农业熟制的发展特点与存在问题，以及农业熟制对气候变化的响应提供了基础。

1. 1982～2011 年逐年我国农业实际熟制的时空变化

以 1982～2011 年 NOAA AVHRR 和 MODIS 的植被 NDVI 数据集为基础，运用农业熟制通用型滑动分割（sliding segmentation, SS）算法计算 1982～2011 年逐年的农业熟制，结果如下：①我国农业熟制的基本格局特征明显，东北、内蒙古、西北、青藏高原以一熟制为主；华北、华中、四川北部以二熟制为主；南方地区三类熟制混杂。②我国一熟制和二熟制农业生产区相对集中，空间结构清晰，反映出我国北方地区地势平坦、土地整齐，农田的空间规模较大，集中连片。我国三熟制农业生产区内部一熟、二熟和三熟呈斑块交错分布，反映出我国南方地区地形复杂，土地零碎，农田的空间规模小，分散杂乱。

2. 1982～2011 年我国农业熟制识别结果验证

1）统计数据验证

遥感识别农业熟制结果的精度需要验证。复种指数是我国农业统计中作物熟制的常用指标，可以较好地反映耕地熟制特征，通常被用于检验遥感识别熟制的准确性。1982～2008 年我国农业部门统计的我国耕地面积和农业播种面积来源于《中国统计年鉴》、《新中国五十年农业统计资料》、《中国国土资源公报》和《中国农业发展报告》，分省农作物播种面积和耕地面积数据来源于相应的省统计年鉴。

将 1982～2008 年我国农业熟制的遥感识别结果，按省级行政区换算成复种指数，统计数据中的复种指数为各行政单元年内农作物的播种面积与耕地面积之比。本章的遥感监测结果也以行政单元为界计算各区域的复种指数，计算公式（闫慧敏等，2005）如下：

$$N = \left[\left(\sum_{i=1}^{n} p_i\right) \Big/ n\right] \times 100$$

式中，N 为遥感监测的复种指数；p_i 为第 i 个栅格点；n 为耕地栅格数。

结果表明：1982～2008 年我国分省复种指数统计数据与遥感反演复种指数之间具有相关性，呈正相关关系，通过 0.01 水平的显著性检验，相关系数在 0.715 左右（图 2-1，表 2-2）。

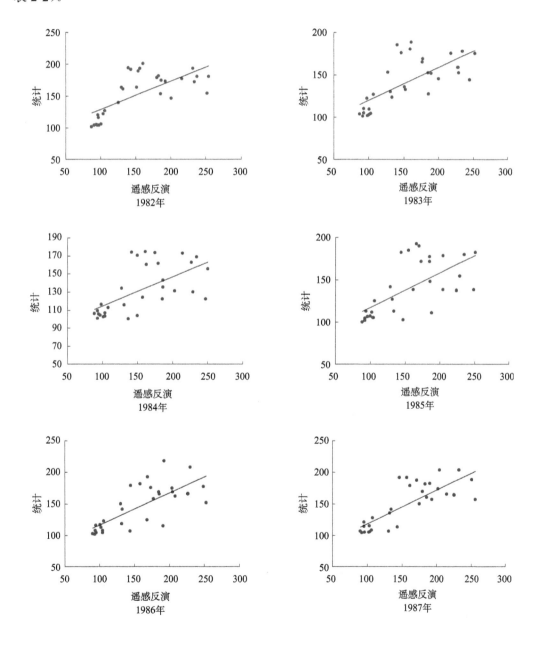

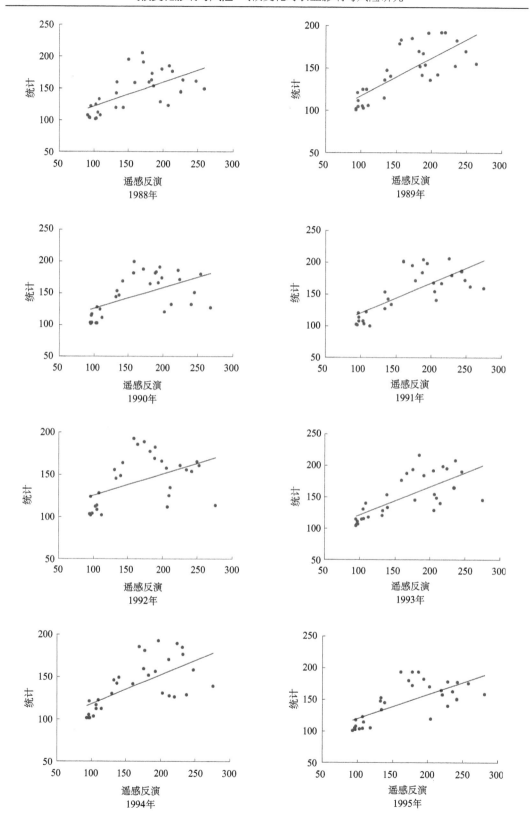

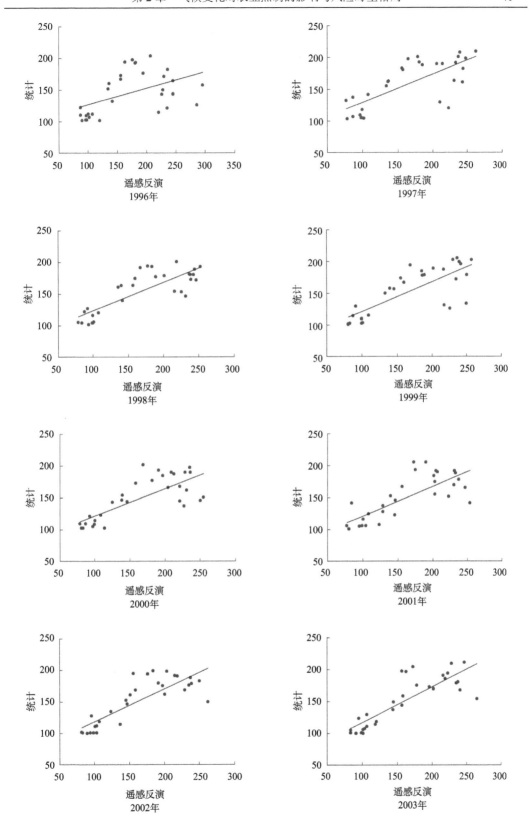

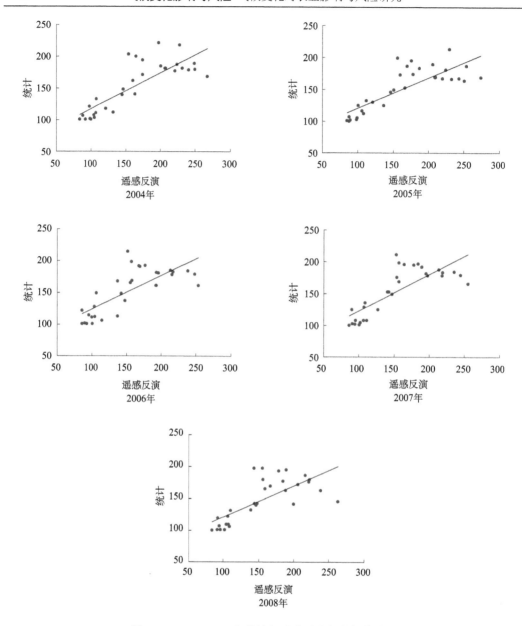

图 2-1 1982～2008 年统计与遥感反演复种指数验证

表 2-2 1982～2008 年统计数据与遥感反演相关性分析

年份	相关性检验结果	显著性水平（双侧）
1982	0.704	0.01
1983	0.699	0.01
1984	0.613	0.01
1985	0.648	0.01
1986	0.738	0.01

年份	相关性检验结果	显著性水平（双侧）
1987	0.792	0.01
1988	0.625	0.01
1989	0.76	0.01
1990	0.558	0.01
1991	0.732	0.01
1992	0.477	0.01
1993	0.707	0.01
1994	0.652	0.01
1995	0.697	0.01
1996	0.487	0.01
1997	0.742	0.01
1998	0.819	0.01
1999	0.781	0.01
2000	0.762	0.01
2001	0.769	0.01
2002	0.825	0.01
2003	0.835	0.01
2004	0.821	0.01
2005	0.808	0.01
2006	0.751	0.01
2007	0.792	0.01
2008	0.723	0.01
平均	0.715	

2）空间相关性验证

从理论上，假设社会经济和其他自然条件没有限制的条件下，实际农业熟制的分布应该与潜在农业熟制一致，充分利用气候资源；但在实践中，由于社会经济和自然条件都是有限的，因此，实际熟制应该与潜在熟制具有一定的空间相关性，但分布空间会小于潜在熟制的范围。通过将遥感识别的实际二熟区与根据气候数据推算的潜在二熟区进行空间叠加，可以分析实际熟制与潜在熟制在空间上的位置关系和相关性，同时，观察实际熟制利用气候资源的充分性。1982～1986 年和 2007～2011 年代表性时段空间对比的结果表明：①实际和潜在的二熟区具有显著相似的空间布局，分布北界表现出极高的一致性，为实际熟制识别的可靠性提供了有力证据。②前后两个时段对比，实际和潜在二熟区都表现出明显的向北扩张，实际农业生产利用气候资源的能力加强。

2.2.3 气候变化对我国农业熟制的影响与新增气候资源利用

基于 1982～2011 年气候变化背景下我国农业潜在和实际的熟制时空分布,通过动态分析农业潜在熟制和实际熟制分布边界的变化规律和相互关系,系统探讨潜在熟制为我国开展多熟制生产提供的增长潜力,实际熟制对新增气候资源的利用效率,以及潜在熟制与实际熟制变化的时序关系等,综合评估气候变化对我国农业熟制的影响。

1. 气候变化新增气候资源带来的多熟制增长潜力

1982～2011 年,在气候变化的背景下,特别是全球变暖的条件下,我国农业潜在多熟制有向北发展的趋势,新增的气候资源带来了多熟制向北发展的空间。通过分析1982～2011 年起始阶段与结束阶段农业潜在熟制的空间边界之间的差异,可以定量地识别新增的气候资源带来的多熟制的增长潜力。由于年度的潜在熟制具有较大的不稳定性,可能导致分析结果与平均状态有较大的偏差,因此,选择 5 年作为一个代表时段,将1982～2011 年划分为 6 个时间段,分别计算 5 年时段的平均农业潜在熟制空间分布,再利用起始 5 年时段(1982～1986 年)与结束 5 年时段(2007～2011 年)计算农业潜在熟制的空间边界之间的定量变化。可见:①1982～2011 年我国 5 年平均农业潜在熟制分布格局与年度格局相似度很高,由东南向西北依次分布三熟制、二熟制和一熟制,其中四川盆地和藏东南地区分布有独立的三熟制,新疆南部分布有独立的二熟制;②1982～2011年我国 5 年平均农业潜在熟制分布格局与年度格局对比具有较好的稳定性,反映出我国农业熟制向北发展的趋势(表 2-3)。

表 2-3 1982～1986 年与 2007～2011 年我国农业潜在熟制的动态变化

类型	面积/万 km²	占比/%
潜在一熟	681	—
潜在一熟二熟变化区	22	17.45
潜在二熟	124	—
潜在二熟三熟变化	38	38.48
潜在三熟	98	—

通过定量计算起始 5 年时段(1982～1986 年)与结束 5 年时段(2007～2011 年)我国农业潜在熟制的空间边界变化,可见:①二熟区约增加了 21 万 km²,增加了 17.45%。二熟区增加主要在辽宁南部环渤海地区、山西和陕西的中部地区;②三熟区增加了约 38万 km²,增加了 38.48%。三熟区增加主要在江苏北部、安徽东部、上海、浙江、湖北北

部、湖南中西部、广西北缘、云南中部、藏东南地区，以及四川盆地的边缘地区。③1982～2011 年我国农业新增气候资源带来的潜在多熟制增长主要是三熟制地区向北扩张，二熟区潜在多熟制区的北扩增长较缓。

2. 农业多熟制发展与北移

从气候变化的角度看，由于我国在 1982～2011 年的农业气候资源发生了显著变化，特别是北方地区的热量资源增长，导致我国基于气候资源的潜在农业熟制向北扩张的潜力。但实际的农业熟制是农业生产形式的具体体现，还需要自然和社会经济等多方面的支撑才有实际发生。因此，1982～2011 年由于气候变化导致的农业气候变化的增加，实际有多少比例已经转化成现实的农业生产能力，需要获取 1982～2011 年我国实际的农业熟制的时空变化。

通过对比 1982～1986 年与 2007～2011 年的我国农业实际熟制边界，我国农业熟制在 1982～2011 年中边界发生了显著的变化，具体表现为：①二熟边界由河北北部向北扩展到天津和北京，在山西、陕西北部、宁夏也向北扩展，扩展的幅度较大；②在甘肃、四川二熟边界有向西扩展的趋势，但扩展的幅度较小。通过定量计算起始 5 年时段（1982～1986 年）与结束 5 年时段（2007～2011 年）我国农业实际熟制的空间边界变化，可见：①二熟区增加了约 28 万 km^2，增加了 82.23%。二熟区增加主要在河北、天津、北京、山东、山西北部、陕西中部、江苏北部和四川盆地北部；②三熟区增加了 0.3 万 km^2，增加了 35.2%。实际上，我国三熟区在 1982～2011 年中整体面积变化不大，基本为三熟区内部格局的变动，没有显著的趋势性规律，与气候资源增长带来的潜在三熟制北扩之间的关系不明显（表 2-4）。

表 2-4　我国农业实际熟制的动态变化

类型	面积/万 km^2	占比/%
基准一熟区	66	—
基准二熟区	34	—
基准三熟区	0.8	—
一熟转变二熟	28	82.23
二熟转变三熟	0.3	35.2

注：由于实际熟制计算采用的分辨率为 8km，潜在熟制计算采用的分辨率为 25km。在叠加分析过程中分辨率不同导致的误差，以 8km 为单位核对，相差 17 个像元，约为 0.084%

3. 气候变化影响农业多熟制潜力与气候资源利用效率

1982～2011 年的 30 年中，气候变化使我国潜在二熟区约增加了 22 万 km²，增加了 17.45%；三熟区约增加了 38 万 km²，增加了 38.48%。而 1982～2011 年农业生产中实际二熟区增加了 28.26 万 km²，增加了 82.23%，三熟区增加了 0.3 万 km²，增加了 35.2%。可见，气候变化新增的气候资源主要分布在三熟区，但实际利用气候资源进行多熟制生产主要是二熟区。增加的实际多熟制区可能包括四种情况：①气候变化新增的潜在二熟区；②基准的潜在二熟区；③气候变化新增的潜在三熟区；④基准的潜在三熟区。若要深入识别实际熟制变化利用气候变化新增的气候资源的情况，需要定量计算①、③两种情况下的面积变化。

由于三熟区变化不明显，主要通过分析二熟区来定量的分析实际二熟制增长利用新增气候资源效率，识别四种情景所占的比例。最终获得实际二熟制增长属于利用气候变化新增的气候资源的比例（情况①、③）。结果表明：1982～2011 年，我国实际农业二熟区面积增加，分布在一熟二熟变化区的面积为 4864km²，占面积的 1.73%，分布在二熟三熟变化区的面积为 44160km²，占面积的 15.69%（表 2-5）。可见，实际农业生产中，二熟制的增长利用潜在的新增气候资源的数量是十分有限的，气候变化带来的潜在有利条件远未充分利用。

表 2-5   实际二熟区增长利用气候资源情况

实际二熟区增长在不同潜在熟制类型区的分布	面积/km²	占比/%
潜在一熟区	17024	6.05
潜在一熟二熟变化区	4864	1.73
潜在二熟区	139264	49.48
潜在二熟三熟变化区	44160	15.69
潜在三熟区	76160	27.05
合计	281472	100

2.3   1982～2011 年气候与非气候因素对农业生产影响的贡献

1982～2011 年气候变化背景下，我国的农业熟制发生了显著的变化。气候变化导致的积温、水资源等农业气候资源的数量和空间分布改变，为农业熟制的变化提供了可能。我国农业生产整体水平有了大幅上升，农业科技水平不断提升，表现为新品种、新装备、新技术和新型管理的不断推广应用，并逐步建立了以市场为基础的社会经济体系，以及农业主管部门引导开展的大规模农业基础设施建设，均对我国农业熟制的发展造成重要的影响。

在气候变化影响研究中，长期存在如何准确、客观识别气候变化作用的问题。例如，黄河径流的长时间尺度变化，一方面是由于黄河流域降水量处于偏低的时段，受气候因素的影响；另一方面，黄河中游大量的人工干预，引用黄河水开展工农业及居民生活用水的不断增加，是导致黄河径流下降的重要因素。在农业领域，由于全球气候变化，我国东北地区热量资源增加，农业积温有升高的趋势。同时，东北地区调整农业生产结构，扩大水稻的种植面积，改变了东北地区的种植制度。在我国南方地区，充足的热量资源可保证一年二熟或一年三熟的熟制，但由于农业的投入产出较低，与工业生产相比，经济效益较低，导致部分农田只维持一年一熟，甚至出现撂荒。在 IPCC 第 5 次评估报告中，第二工作组的报告中也明确提出区分气候与非气候因子的贡献是今后需要加强的研究领域（IPCC, 2014）。

本节通过分析影响农业熟制的气候与非气候因素的构成，筛选对农业熟制影响较大的影响因素，并采用地理探测器模型，从地统计学的角度识别各因素对农业熟制形成的贡献率，为科学客观的评价气候变化对农业熟制的作用提供依据，同时，也在科学上探索气候与非气候因子的贡献问题的解决方法。

2.3.1 农业熟制的影响因素识别

农业熟制的形成是典型的自然因素与人为因素综合作用的结果。对农业熟制形成原理的解释需要结合自然科学与社会科学，适宜开展自然与社会科学的交叉与综合研究。农业熟制形成的自然因素包括温度、降水等气候因素，也包括土壤、坡度、自然灾害风险等非气候因素。农业熟制形成的社会经济因素包括农民收入、农业投入、劳动力数量、农业机械数量、灌溉能力等直接的影响因素，还可能包括农业科技推广、文化水平、传统习惯等间接的影响因素。

从影响农业熟制形成的过程来看，气候因素的温度、降水为农业生产提供积温、水资源条件，为农业多熟制的分布提供了潜在的可能性。而土壤、坡度、自然灾害风险等因素影响农业生产的立地条件，如陡坡地形多适宜种植旱作作物。农民收入极大地影响着我国南方地区农业多熟制的分布。较高的农民收入对采取多熟制具有很高的激励作用。另外，较多的劳动力数量、农业机械数量等，也有利于多熟制的实施。

因此，本节研究从气候因素、非气候自然因素、社会经济因素等三个方面，以 2009 年遥感识别的农业熟制数据、2009 年农业统计年鉴数据以及中国科学院资源环境科学与数据中心的土壤、地形等数据为基础，选择了积温、降水、20℃终止旬、自然灾害活动度、土壤黏粒比重、坡度、劳动力数量、农业机械动力、灌溉面积、成灾面积、农民收入、农业总投入等 22 个待选指标（表 2-6、表 2-7）。

表 2-6 自然因素指标与农业熟制的相关性分析

相关性	气候因素				非气候自然因素	
	积温	降水	20℃终止旬	自然灾害活动度	土壤黏粒比重	坡度
相关系数	0.497	0.419	0.473	0.42	0.4007	0.067
Sig.（双侧）	0	0	0	0	0	0
N	11930	11930	11930	11880	10819	11930

表 2-7 社会经济因素指标与农业熟制的相关性分析

相关性	劳动力数量	农业机械动力	灌溉面积	成灾面积	农民收入	农业总投入
相关系数	0.452	0.468	0.34	−0.211	0.511	0.438
Sig.（双侧）	0	0	0	0	0	0
N	9578	9578	9578	6771	9440	9478

采用 SPSS 软件计算两变量相关分析，分析各潜在影响因素与熟制之间的相关性，最终通过显著性检验的有 12 项指标。

相关分析的结果表明：①积温、降水、20℃终止旬、自然灾害活动度、土壤黏粒比重、坡度、劳动力数量、农业机械动力、灌溉面积、成灾面积、农民收入、农业总投入 12 项指标通过了显著性检验，相关系数从–0.211 到 0.511，各影响因素与农业熟制的相关关系均不高。一方面体现出农业熟制的影响因素较多，由气候因素、非气候自然因素、社会经济因素共同作用形成；另一方面，无论是气候因素，还是社会经济因素与农业熟制的相关性均不高，体现出各因素的贡献可能相当，不能构成主导因素。②农民收入与农业熟制的相关系数为 0.511，充分体现了农民收入与多熟制生产之间的密切关系，较高的农民收入会激励农民采用多熟制生产，体现农民劳动的价值；而农民收入较低，农民劳动价值无法体现，农民会选择只生产一季，生产用于自身消费的粮食，放弃二熟或三熟的生产。③自然因素中的自然灾害活动度，反映的是自然灾害发生的综合频度，其与农业熟制的相关系数为 0.42，主要是因为我国农业生产多熟制主要分布在南方和华北地区，而这些区域也是我国自然灾害活动度较高的区域。因此，从宏观上体现为自然灾害活动度与农业熟制的相关性较好。但社会经济因素中成灾面积与农业熟制的相关系数为–0.211，成灾面积与农业熟制呈弱负相关关系，可见，从农业生产的微观层面，成灾面积较多的区域，农民会自发调节农业熟制，倾向于采用一熟制。

2.3.2　气候变化对农业熟制的贡献率识别

运用地理探测器模型，计算积温、降水、20℃终止旬、自然灾害活动度、土壤类型、坡度、劳动力数量、农业机械动力、灌溉面积、成灾面积、农民收入、农业总投入对农业熟制的贡献率。

结果表明：①各影响因素的贡献率均在 20%以下，其中坡度的贡献率最低为 3.24%，积温的贡献率最高为 19.28%。②按因素类型平均来看，气候因素的单因素平均贡献率为 14.4%，非气候自然因素的平均贡献率为 7.8%，社会经济因素的平均贡献率为 8.8%。从单因素来看，气候因素的间因子贡献率较高。③从因素类型内部来看，气候因素中，积温的贡献率最高，体现了热量因素在农业熟制形成过程中的重要作用。非气候自然因素中，土壤黏粒（代表土壤类型）的贡献率最高，体现了非气候自然因素中土壤类型的作用最突出。社会经济因素中，农民收入的贡献率最主，体现了农民收入所代表的农民从多熟制生产中的回报是促进农业熟制的重要因素（表 2-8）。

表 2-8　地理探测器模型计算影响因素对农业熟制贡献率　　（单位：%）

指标	气候因素			非气候自然因素			社会经济因素					
	积温	降水	20℃终止旬	自然灾害活动度	土壤类型	坡度	劳动力数量	农业机械动力	灌溉面积	成灾面积	农民收入	农业总投入
贡献率	19.28	13.96	14.38	9.85	12.32	3.24	8.83	8.38	8.31	3.25	13.74	10.51
协同贡献		31.91			13.52				43.21			

但由于 3 个类型的 12 个影响因素是通过各因素与农业熟制的相关分析选择和确定的，体现了所选的 12 个影响因素与农业熟制之间存在显著的相关性，通过地理探测器单因子贡献率分析也获得了较合理的结果。但 12 个影响因素之间并不是完全独立的，极可能存在影响因素之间的相关。例如，气候因素中的积温和 20℃终止旬均来源于温度观测数据。并且 12 个单影响因素贡献率之和为 126.05%，显然 12 个单影响因素不是完全独立的，存在相关关系。

因此，为排除同类因素之间可能存在的不完全独立，存在相关关系的问题，以类型为单元计算同类型因素的协同贡献率。结果表明：①气候因素的协同贡献率为 31.91%、非气候自然因素的协同贡献率为 13.52%，社会经济因素的协同贡献率为 43.21%，还有 11.36%的贡献率来源未知，是所选 12 个影响因素没有覆盖的部分。②从影响因素类型来看，社会经济因素的协同贡献率为 43.21%，对农业熟制的形成具有重要的影响作用。气候因素的协同贡献率为 31.91%，体现了气候因素对农业熟制形成有重要贡献，但不是

决定性因素。③从 12 个单影响因素贡献率、3 种影响因素类型的协同贡献率以及 11.36%
来源未知的贡献率来看，农业熟制的形成是由众多因素共同作用的结果，自然因素（包
括气候和非气候）与社会经济因素的贡献率基本相当，反映出农业熟制是自然环境条件
与人类社会经济活动共同塑造的结果（图 2-2）。

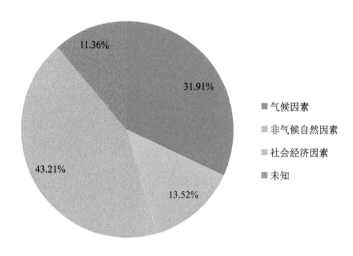

图 2-2　农业熟制影响因素贡献率组成

2.4　2012～2041 年气候变化对农业生产的风险

在全球气候变化的背景下，通过分析 2012～2041 年比 1982～2011 年热量资源的增
加情况，结合 2012～2041 年降水增长，评价农业多熟制充分利用气候资源的可能性；农
业生产的空间范围是耕地，基本上都处于气候变化的影响范围内，以 2012～2041 年热量
资源增加的区域内耕地面积来评价暴露度；农业多熟制受积温、最低温度和 20℃终止旬
等要素的制约，采用熟制的利用曲线来评估多熟制的利用情况。最后综合气候变化条件
下多熟制发展的可能性、暴露度和利用度，综合评估多熟制发展的机遇。

2.4.1　可能性评价

2012～2041 年气候变化将导致中国热量资源的显著增加（表 2-9）。2041 年 0℃积温
高于 5900℃的区域与 2012 年对比，向北发展到云南、贵州、湖北、安徽的北部，河南
的南部，以及新疆南疆的部分地区，新增面积是 815000km^2，增加比例为 57.3%；积温
为 4000～5900℃的区域与 2012 年对比，向北发展到辽宁、陕西北部、山西中部、宁夏、
内蒙古西部和新疆北部，新增面积是 208750km^2，增加比例为 8.9%。

表 2-9　2012~2041 年中国热量资源增加

积温/℃	2012 年面积/km²	2041 年面积/km²	增加/km²	增加比例/%
4000~5900	2340000	2548750	208750	8.9
>5900	1421875	2236875	815000	57.3

2012~2041 年中国 400~800mm 降水量分布在东北、华北、四川和青藏高原东部；800mm 以上降水量分布在江淮地区以南和西南地区，而广大西北地区、内蒙古和青藏高原西北部降水量小于 400mm。综合评估 2012~2041 年气候变化导致热量资源增加，结合降水量的空间分布，根据多熟制发展可能性评价的指标及分级标准，未来 30 年中国多熟制发展的可能性如表 2-10 所示。高可能性地区分布在云南、贵州、四川、重庆、湖北和安徽等，中可能性地区分布在河南、陕西、山西和辽宁等，低可能性地区分布在新疆、甘肃、宁夏、内蒙古和河北等。

表 2-10　2012~2041 年中国多熟制发展可能性的分布面积

可能性类型	低可能性	中可能性	高可能性
面积/km²	936875	88750	838750

2.4.2　暴露度评价

2012~2041 年气候变化导致热量资源增加，将中国耕地面积划分为热量资源增加区域内与区域外，暴露度分别是较高与较低。由于中国实行严格的耕地保护政策与用地占补政策，假设 2012~2041 年我国耕地面积不会发生显著变化。因此，暴露于热量资源增加区域内的耕地主要分布在辽宁、河南、安徽等，面积为 383125km²。

2.4.3　利用度分析

2012~2041 年气候变化导致中国热量资源的增加，通过利用曲线，可能获得多熟制对积温、最低温度和 20℃终止旬等要素的利用与适应结果。主要结果如下：综合利用曲线的结果，2012~2041 年中国多熟制对热量资源的利用潜力很大。2041 年中国潜在的三熟制面积达到 632500km²，二熟制面积达到 666875km²，一熟制面积达到 1323125km²（表 2-11）。

表 2-11　2012～2041 年中国多熟制对热量资源的利用面积

利用类型	一熟制	二熟制	三熟制
面积/km^2	1323125	666875	632500

2.4.4　机遇评价

综合评估热量和降水资源、耕地在热量资源增加区域的暴露度、热量资源的利用情况，根据可能性高、暴露度高和多熟利用条件下气候变化促进多熟制发展的机遇较高，可能性低、暴露度低和一熟利用条件下气候变化促进多熟制发展的机遇较低原则，2012～2041 年气候变化背景下中国多熟制发展的高机遇区域面积为 116250km^2，中机遇区域面积为 165625km^2，低机遇区域面积为 101250km^2（表 2-12）。

表 2-12　2012～2041 年中国多熟制发展的机遇

机遇分级	低机遇	中机遇	高机遇
面积/km^2	101250	165625	116250

2.5　讨　　论

粮食安全是我国的基本国策。在确保 18 亿亩安全"红线"的基础上维持和保护"多熟"的农业熟制是我国粮食安全的"隐形红线"。气候变化为农业熟制的发展提供了潜在的可能性。但实际上，我国农业生产过程，农业熟制形成和发展与气候变化之间的关系十分复杂。本章动态分析 1982～2011 年我国农业气候资源、农业潜在熟制、农业实际熟制的时空演变，系统评估气候变化对农业熟制的影响以及多熟制北扩过程中对新增气候资源的利用效率，并尝试定量识别气候与非气候因素对农业熟制空间格局形成的作用。

2.5.1　得到 1982～2011 年新增气候资源和潜在农业熟制的时空分布与演变

气候变化的长期趋势改变农业气候资源在空间上的分布特征，农业气候资源的变化可以决定农业潜在熟制的空间动态。1982～2011 年我国农业气候资源的主要指标 0℃积温、极端最低气温、20℃终止旬和降水量，我国农业热量资源呈北扩趋势，降水资源没有趋势性变化。大于 5900℃积温扩展到浙江、安徽和上海；积温 4000～5900℃扩展到辽宁省北部，揭示了我国气候资源的时空动态和新增气候资源分布；并据此推算出我国农业潜在熟制的时空格局，三熟制主要分布在长江以南地区、西南南部和四川盆地；二熟制主要分布在黄淮海平原、西南地区北部和南疆地区；一熟区在东北、西北和青藏高原广泛分布。且农业潜在熟制的空间分布有明显向北扩展的特征，特别是在三熟区、二熟区的北界动态明显。

2.5.2　构建反演农业熟制的滑动分割算法与计算模型

针对归一化植被指数 NDVI 所构成的作物生长曲线属于非线性、非平稳的时间序列曲线的特点，设计了基于作物生长周期的启发式滑动分割算法（SS 算法），将非线性、非平稳作物生长曲线的波峰识别问题，视为分割和滑动算法的组合。根据作物的生长周期设定对时间序列的分割周期，根据遥感数据获取的频率设置滑动步长，经过分割和若干次的滑动，来寻找稳定的波峰数量。SS 算法具有避免对时序植被指数序列滤波平滑和引入外部先验知识的问题，开发了冬前峰去除子算法，重点挖掘时序植被指数序列内部的特征来提高精度。为实现基于作物生长周期的启发式滑动分割算法，构建了基于 GIS 技术的空间计算模型，以功能模块的设计思路，对模型主要功能进行了设计建模，并最终将所有功能模块进行集成，实现了从原始遥感影像输入到熟制计算结果输出的模型自动识别技术。

2.5.3　反演 1987～2011 年我国农业实际熟制时空分布

运用启发式滑动分割算法和 GIS 计算模型，获得了我国农业实际熟制的基本格局。东北、内蒙古、西北、青藏高原以一熟制为主；华北、华中、四川北部以二熟制为主；南方地区三类熟制混杂。我国一熟制和二熟制农业生产区相对集中，空间结构清晰，三熟制农业生产区内部一熟、二熟和三熟呈斑块交错分布。采用分省多年复种指数统计验证、实际和潜在二熟区空间相关性验证，结果证明滑动分割算法反演的复种指数与统计数据具有较好的相关性，证明了算法的适用性和稳健性。而实际和潜在的二熟区具有显著相似的空间布局，且分布北界表现出极高的一致性，为实际熟制识别的可靠性提供了有力证据。

2.5.4　得到 1987～2011 年我国农业新增气候变化的利用率

（1）1987～2011 年我国农业潜在熟制的空间边界发生显著变化，二熟区增加了 21 万 km²，增加了 17.45%。二熟区增加主要在辽宁南部环渤海地区、山西和陕西的中部地区；三熟区增加了 38 万 km²，增加了 38.48%。三熟区增加主要在江苏北部、安徽东部、上海、浙江、湖北北部、湖南中西部、广西北缘、云南中部、藏东南地区，以及四川盆地的边缘地区。1987~2011 年我国农业新增气候资源带来的潜在多熟制增长主要是三熟制地区向北扩张，二熟区潜在多熟制区的北扩增长较缓。

（2）1987~2011 年，我国农业实际熟制边界发生了显著的变化。①二熟边界由河北北部向北扩展到天津和北京，在山西、陕西北部、宁夏也向北扩展，扩展的幅度较大；在甘肃、四川二熟边界有向西扩展的趋势，但扩展的幅度较小。②二熟区增加了约 28 万 km^2，增加了 82.23%。二熟区增加主要在河北、天津、北京、山东、山西北部、陕西中部、江苏北部和四川盆地北部。三熟区增加了 0.3 万 km^2，增加了 35.2%。实际上，我国三熟区在过去 30 年中整体面积变化不大，基本为三熟区内部格局的变动，没有显著的趋势性规律，与气候资源增长带来的潜在三熟制北扩之间的关系不明显。

（3）1987~2011 年，我国实际农业二熟区面积增加，分布在一熟二熟变化区的面积为 4864 km^2，占面积的 1.73%，分布在二熟三熟变化区的面积为 44160 km^2，占面积的 15.69%。可见，实际农业生产中，二熟制的增长利用潜在的新增气候资源的数量是十分有限的，气候变化带来的潜在有利条件远未充分利用。

2.5.5 定量识别气候与非气候因素对我国农业熟制空间格局的贡献率

农业熟制的形成是自然因素与社会经济因素共同塑造的结果。由于全球气候变化使得气候因素成为最活跃的自然因素，准确地认识气候因素对农业熟制形成的贡献率是客观评价气候变化作用的重要方面。根据地理探测器模型的原理和算法，将农业熟制的空间分布作为空间变量，将气候、非气候因素等空间变量对农业熟制空间变异的决定系数作为识别贡献率的指标，并通过计算气候因素、非气候自然因素和社会经济因素的协同贡献率，可以比较准确的得到各种因素对农业熟制形成的贡献率。采用地理探测器模型来解决农业熟制影响因素的贡献率识别问题在方法学上是可行的。结果表明农业熟制的形成是由众多因素共同作用的结果，气候因素的协同贡献率为 31.91%、非气候自然因素的协同贡献率为 13.52%、社会经济因素的协同贡献率为 43.21%，还有 11.36%的贡献率来源未知，反映出农业熟制是自然环境条件与人类社会经济活动共同塑造的结果。

2.5.6 定量评估我国的热量资源改善为农业多熟制发展提供的机遇

综合评估热量和降水资源、耕地在热量资源增加区域的暴露度、热量资源的利用情况，根据可能性高、暴露度高和多熟利用条件下气候变化促进多熟制发展的机遇较高，可能性低、暴露度低和一熟利用条件下气候变化促进多熟制发展的机遇较低原则，2012~2041 年气候变化背景下中国多熟制发展的高机遇区域面积为 116250 km^2，中机遇区域面积为 165625 km², 低机遇区域面积为 101250 km²。

2.6　结　　论

（1）1982～2011 年我国农业热量资源增加, 分布上呈北扩趋势; 降水资源没有趋势性变化, 但东北和西南地区降水年际变率大。

（2）农业潜在熟制的空间分布有明显向北扩展的特征, 特别是在三熟区、二熟区的北界动态明显。二熟区增加了 21 万 km², 增加了 17.45%。三熟区增加了 38 万 km², 增加了 38.48%。

（3）1982～2011 年, 我国实际熟制二熟区的边界动态明显。二熟区增加了约 28 万 km², 增加了 82.23%。三熟区变化不大, 基本为三熟区内部格局的变动。

（4）1982～2011 年, 我国实际二熟制的增长利用潜在的新增气候资源的数量十分有限, 一熟二熟变化区和二熟三熟变化区分别利用了 1.73% 和 15.69%, 气候变化带来的潜在有利条件远未充分利用。

（5）农业熟制的形成是自然因素与社会经济因素共同塑造的结果。气候因素的协同贡献率为 31.91%, 非气候自然因素的协同贡献率为 13.52%, 社会经济因素的协同贡献率为 43.21%, 还有 11.36% 的贡献率来源未知, 体现自然因素（包括气候和非气候）与社会经济因素的贡献率基本相当。

（6）开发的启发式滑动分割算法（SS 算法）和 GIS 计算模型, 通过深入挖掘时序植被指数序列内部的特征来识别农业熟制, 通过统计验证和空间核对, 证明了 SS 算法的适用性和稳健性。

（7）气候变化改善我国的热量资源条件, 为农业多熟制的发展提供了巨大的发展机遇。综合评估热量和降水资源、耕地在热量资源增加区域的暴露度、热量资源的利用情况, 2012～2041 年气候变化背景下我国多熟制发展的高机遇区域面积为 116250km², 中机遇区域面积为 165625km², 低机遇区域面积为 101250km²。

参 考 文 献

蔡承智, 梁颖, 李啸浪. 2008. 基于 AEZ 模型预测的我国未来粮食安全分析. 农业科技通讯, (2): 15-17.

陈印军, 肖碧林, 陈京香. 2010. 中国耕地"占补平衡"与土地开发整理效果分析与建议. 中国农业资源与区划, 31(1): 1-6.

程纯枢, 冯秀藻, 高亮之, 等. 1990. 中国的气候与农业. 北京: 气象出版社.

褚清河, 强彦珍. 2010. 中国粮食作物单产增长规律及其原理. 山西农业科学, 38(10): 26-29

邓可洪, 居辉, 熊伟. 2006. 气候变化对中国农业的影响研究进展. 中国农学通报, 22(5): 439-441.

邓振镛, 张强, 刘德祥, 等. 2007a. 气候变暖对甘肃省种植结构和农作物生长的影响. 中国沙漠, 27(4): 627-631.

邓振镛, 张强, 徐金芳, 等. 2007b. 西北地区农林牧生产及农业结构调整对全球气候变暖响应的研究进展. 冰川冻土, 30(5): 835-842.

第三次气候变化国家评估编制专家组. 2016. 第三次气候变化国家评估报告. 北京: 科学出版社: 120-135.

方修奇, 王媛, 徐锬, 等. 2004. 近代年气候变暖对黑龙江省水稻增产的贡献. 地理学报, 59(6): 820-828.

封国林, 龚志强, 董文杰, 等. 2005. 基于启发式分割算法的气候突变检测研究. 物理学报, 54(11): 5494-5499.

郭柏林. 1997. 我国复种指数变化特征、效益和潜力. 经济地理, 17(3): 8-13.

霍治国. 2002. 作物病虫害气象预测与防御//徐祥德, 土馥棠, 萧永生, 等. 农业气象防灾调控工程与技术系统. 北京: 气象出版社.

霍治国, 李世奎, 王素艳, 等. 2003. 主要农业气象灾害风险评估技术及其应用研究. 自然灾害学报, 18(6): 692-703.

霍治国, 王石立. 2009. 农业和生物气象灾害. 北京: 气象出版社.

纪瑞鹏, 班显秀, 张淑杰. 2003. 辽宁省冬小麦北移热量资源分析及区划. 农业现代化研究, 24(4): 264-266.

居辉, 熊伟, 马世铭, 等. 2008. 气候变化与中国粮食安全. 北京: 学苑出版社.

李茂松, 李森, 李育慧. 2003. 中国近 50 年旱灾灾情分析. 中国农业气象, 24(1): 7-11.

李一平. 2004. 湖南省农作物生物灾害发生特点、成因及对策. 中国农学通报, 20(6): 268-271.

刘巽浩, 高旺盛, 陈阜. 1998. 论 21 世纪中国多熟种植潜力与发展方向//面向 21 世纪的中国农作制. 北京: 中国耕作制度研究会.

刘巽浩, 韩湘玲. 1987. 中国的多熟种植. 北京: 北京农业大学出版社.

刘颖杰, 林而达. 2007. 气候变暖对中国不同地区农业的影响. 气候变化研究进展, 3(4): 229-233.

卢布, 陈印军, 吴凯, 等. 2005. 我国中长期粮食单产潜力的分析预测. 中国农业资源与区划, 26(2): 1-5.

秦大河. 2005. 中国气候与环境演变. 北京: 科学出版社.

秦大河. 2007. 应对全球气候变化防御极端气候灾害. 求是, (8): 51-53.

任国玉. 2007. 气候变化与中国水资源. 北京: 气象出版社.

王爱娥. 2006. 农业生物灾害呈加重态势植保专业化防治势在必行. 山东农药信息, (12): 13-14.

王春乙. 2007. 重大农业气象灾害研究进展. 北京: 气象出版社.

王馥棠. 2002. 近十年来我国气候变暖影响研究的若干进展. 应用气象学报, 13(6): 755-765.

王馥棠, 刘文泉. 2003. 黄土高原农业生产气候脆弱性的初步研究. 气候与环境研究, 8(1): 91-100.

王馥棠, 赵宗慈, 王石立, 等. 2003. 气候变化对农业生态的影响. 北京: 气象出版社.

王宏广. 2005. 中国耕作制度 70 年. 北京: 中国农业出版社.

王石立. 2005. 近年来我国农业灾害预报方法研究概述. 应用气象学报, 14(5): 574-581.

王铮, 郑一萍. 2001. 全球变化对中国粮食安全的影响分析. 地理研究, 20(3): 282-289.

王宗明, 宋开山, 李晓燕, 等. 2007. 近 40 年气候变化对松嫩平原玉米带单产的影响. 干旱区资源与环境, 21(9): 112-117.

王遵娅, 张强, 陈峪, 等. 2008. 2008 年初我国低温雨雪冰冻灾害的气候特征. 气候变化研究进展, 4(2): 63-67.

吴志祥, 周兆德. 2004. 气候变化对我国农业生产的影响及对策. 华南热带农业大学学报, 10(2): 7-11.

谢立勇, 侯立白, 高西宁, 等. 2002. 冬小麦 M808 在辽宁省的种植区划研究. 沈阳农业大学学报, 33(1): 6-10.

熊伟, 林而达, 居辉, 等. 2005. 气候变化的影响阈值和中国的粮食安全. 气候变化研究进展, 1(2): 84-87.

熊伟, 杨婕, 林而达, 等. 2008. 未来不同气候变化情景下我国玉米产量的初步预测. 地球科学进展, 23(10): 1092-1101.

闫慧敏, 曹明奎, 刘纪远, 等. 2005. 基于多时相遥感信息的中国农业种植制度空间格局研究. 农业工程学报, 21(4): 85-90.

杨金深, 孙丽敏. 2000. 河北省 1949~1998 年种植制度演变分析. 华北农学报, 15(4): 126-130.

云雅如, 方修琦, 王丽岩, 等. 2007. 我国作物种植界线对气候变暖的适应性响应. 作物杂志, (3): 20-23.

云雅如, 方修琦, 王媛, 等. 2005. 黑龙江省过去 20 年粮食作物种植格局变化及其气候背景. 自然资源学报, 20(5): 697-705.

曾希柏, 陈同斌, 胡清秀, 等. 2001. 中国粮食生产潜力化肥增产效率的区域分异. 地理学报, 57(5): 539-546.

张厚瑄. 2000. 中国种植制度对全球气候变化响应的有关问题. I. 气候变化对我国种植制度的影响. 中国农业气象, 21(1): 9-13.

张强, 邓振镛, 赵映东. 2008. 全球气候变化对我国西北地区农业的影响. 生态学报, 28(3): 1210-1218.

张雪艳. 2009. 我国恶性肿瘤时空演变与环境诱因耦合规律研究. 北京: 中国科学院地理科学与资源研究所博士学位论文.

赵艳霞, 何磊, 刘寿东, 等. 2007. 农业生态系统脆弱性评价方法. 生物学杂志, 26(5): 754-758.

FAO. 2008. The State of Food Insecurity in the World: High Food Prices and Food Security-threats and Opportunities. Rome, Italy.

Ferguson A W, Klukowski Z, Walczak B, et al. 2003. Spatial distribution of pest insects in oilseed rape: implications for integrated pest management. Agriculture, Ecosystems and Environment, 95(2): 509-521.

Fuhrer J. 2003. Agroecosystem responses to combinations of elevated CO_2, ozone, and global climate change. Agriculture, Ecosystems and Environment, 97(1): 1-20.

IPCC. 2013. Climate Change 2013: the Physical Science Basis. Cambridge: Cambridge University Press.

IPCC. 2014. Climate Change 2014: Synthesis Report. Contribution of Working Groups I, II and III to the Fifth Assessment Report of the Intergovernmental Panel on Climate Change. IPCC, Geneva, Switzerland: 151.

Kong X B. 2014. China must protect high-quality arable land. Nature, 506(7486): 7.

Li C, Qiu J, Frolking S, et al. 2002. Reduced methane emissions from large-scale changes in water management of China's rice paddies during 1980~2000. Geophysical Research Letters, 29(20): 1972-1975.

Mirza M M Q. 2003. Climate change and extreme weather events: can developing countries adapt? Climate Policy, 3(3): 233-248.

NASA Technical Reports. The LACIE crop years: an assessment of the crop conditions experienced in the three years of LACIE. http: //ntrs. nasa. gov/index. jsp[2020-10-10].

Strand J F. 2000. Some agrometeorological aspects of pest and disease management for the 21st century. Agricultural and Forest Meteorology, 103(1): 73-82.

Tao F L, Yokozawa M, Liu J Y, et al. 2008. Climate-crop yield relationships at provincial scales in China and the impacts of recent climate trends. Climate Research, 38(1): 83-94.

Xiong W, Conway D, Lin E D. 2008. Future cereal production in China: the interaction of climate change, water availability and socio-economic scenarios. Global Environmental Change, 19(1): 34-44.

Xiong W, Conway D, Lin E D, et al. 2009. Potential impacts of climate change and climate variability on China's rice yield and production. Climate Research, 40(1): 23-35.

Xiong W, Holman I, Lin E D, et al. 2010. Climate change, water availability and future cereal production in China. Agriculture, Ecosystems and Environment, 135(1): 58-69.

Zhang Y, Xu Y L, Dong W J, et al. 2006. A future climate scenario of regional changes in extreme climate events over China using the PRECIS climate model. Geophysical Research Letters, 33(24): L24702.

第3章 气候变化对我国农业灾害的影响与风险评估

3.1 引 言

政府间气候变化专门委员会（IPCC）第五次评估报告指出，1980～2012 年全球平均地表温度升高了 0.85℃；特别地，1983～2012 年可能是过去 1400 年中最暖的时期（IPCC，2013）。《第二次气候变化国家评估报告》指出，1951～2009 年中国平均气温上升了 1.38℃；同时，极端气候事件的频率和强度也在发生着变化。长江中下游、东南地区和西北地区的极端强降水事件自 1951 年来呈增多、增强的趋势。全国气象干旱面积呈增加趋势，其中华北和东北地区增加较为显著（《第二次气候变化国家评估报告》编写委员会，2011）。气候变化对农业的影响及我国粮食安全问题是当前农业与气候变化研究的重大挑战。我国是气候变化的受害国，而我国农业生产是受到气候变化不利影响的脆弱产业。气候变化对中国农业生产的影响受到国内外科学界和社会强烈关注，尽管美国世界观察研究所发表的《气候变化对农业的影响》报告和国内学者研究结果有所差异，气候变化对农业生产的不利因素的影响无疑将是中国粮食生产安全保障的严重挑战。同时，已有研究也指出，气候变化在我国的区域格局不同，气候变化对不同区域和不同类型的农作物生产的影响也不同。中国是世界上人口最多的发展中国家，以占全球 7%的耕地面积养活占世界 22%的人口，保证粮食生产一直是我国国计民生的首要任务。当前气候变化背景下，已有学者利用模型等方法对未来气候变化对我国粮食生产的可能影响进行了初步研究。对华北地区 21 世纪中晚期 A2 和 B1 情景下粮食生产变化的模拟得出，两个情景下冬小麦将有较为明显的增产而夏玉米将面临减产；到 2050 年，农田耗水量将至少增加 25%，而到 2090 年灌溉水利用率将至少下降 25%。也有学者利用作物模型和气候变化模型模拟了未来气候变化对中国东北地区粮食生产的影响，结果显示，二氧化碳倍增情况下，气温上升将是影响该地区粮食生产的主要气象灾害，而冷害也不容忽视；随着气候变率的增大，其他灾害如强降水和季节性干旱将会更加频繁，从而导致除水稻外豌豆、玉米、小麦产量的下降（Piao et al.，2010）。为更加系统、深入地研究未来气候变化对农业生产的影响，我国政府启动了气候变化科技专项，农业农村部启动了行业专项科技计划，旨在探索应对气候变化不利影响的技术和途径。

我国地处东亚季风区，是世界上的"气候脆弱区"之一，也是农业气象灾害多发地区，干旱、洪涝、霜冻、冰雹等气象灾害频繁发生。据统计，在全国每年自然灾害导致的损失中气象灾害及其衍生灾害占 60%以上（王春乙和郑昌玲，2007）。我国农业生态环境脆弱，抗灾能力差，气象灾害对农业生产的冲击强度极大。每年农业受灾面积高达 5000万～5500 万 hm²，占农作物总播面积的 30%～35%；而其中 700 万～1000 万 hm² 的农田由于农业气象灾害的影响而颗粒无收（覃志豪等，2005）。气象灾害已成为我国农业大幅度减产和粮食产量波动的重要因素。至 2030 年，我国人口将达到 16 亿。我国耕地仅占国土总面积的 14%，人均耕地面积仅为 0.11hm²，只有世界人均耕地的 1/3；至 2030 年，人均耕地还将减少 1/4（刘玲等，2003）。同时，每年因气象灾害造成的经济损失约占国内生产总值的 3%～6%，因此，气象灾害对农业经济和国家粮食安全的可持续发展构成了严重的威胁（张海东等，2006）。开展农业气象灾害风险分析，掌握气象灾害的特点和发生规律，对于预防气象灾害、避免农作物因灾害造成损失和保障农业生产具有十分重要的意义。

1. 干旱

旱灾是我国农业气象灾害中发生频率最高、影响范围最广、影响面积最大的灾害。我国农作物常年旱灾受灾面积为 0.2 亿～0.27 亿 hm²（姚玉璧等，2007）。据新中国成立以来 40 年资料统计，我国每年受旱面积为 1960 万 hm²，占耕地面积的 20%，成灾面积达 667 万 hm²（聂俊峰，2005）。我国旱灾总体呈东西格局分布，重度旱灾区域相对集中于北方地区，主要分布在黑龙江、内蒙古、陕西、山西等省份。在南方主要分布在中部地区的安徽、湖南、湖北、江西和河南五个省份，以及四川东部、贵州和云南等（冯金社和吴建安，2008）。由于季风气候的影响，我国旱灾的发生频率与纬度相关，李茂松等（2003）认为旱灾在低纬度地区发生频率较低，发生频率会随着纬度的增加而增高，干旱发生频率最高的区域位于北纬 35°～40°，在北纬 40°以北的地区又会有降低趋势，由此可以判断旱灾的主要发生区域在长江以北至黄河流域。

2. 洪涝

我国地形地势都较为复杂，地区间气候差异大。因季风气候和热带气旋的影响，降水量分布不均，经常暴发暴雨、洪涝灾害，是世界上洪涝灾害最严重的国家之一，我国约有 2/3 的国土面积遭受过不同类型和强度的洪涝灾害（田国珍等，2006）。1950～2010年，我国每年都会发生不同范围的洪涝灾害，且洪涝灾害成灾面积呈逐年增加趋势，20世纪 90 年代为 50 年中洪涝高发的 10 年。洪涝灾害对粮食生产的危害仅次于旱灾，平均每年造成的农作物受灾面积约为 3000 万 hm²，年均受灾面积约为耕地面积的 10%，每年因洪涝灾害造成的粮食平均损失占总量的 25%（刘彤和闫天池，2011）。东部和南部大部分地区因受到季风的影响，产生大暴雨的频率较高，因此大部分的洪涝灾害主要发生在东部和南部地区，西部和北部地区洪涝灾害的发生频次较少。每年的 4~6 月份，东亚季风在东亚大陆登陆，此时长江以南可能出现大暴雨，这些地区发生洪涝灾害的风险会明显增加。东南和西南季风在七、八月份最为强烈，这个时间段华北和川西地区有发生不同程度的洪涝灾害的潜在风险。

3. 风雹

与干旱、洪涝灾害相比，风雹灾虽然灾害范围小，持续时间短，但是它具有突发性强、破坏力大的特点。风雹灾在我国分布较为广泛，全国各地均有发生，但与干旱和洪涝的受灾率相比，其造成的农作物受灾率相对较低。据统计，1988~2000 年，我国年均风雹受灾面积为 456.78 万 hm^2，占耕地面积的 3.03%，成灾面积为 238.91 万 hm^2，占耕地面积的 1.59%（王瑛等，2002）。我国风雹灾总体分布呈现东部少，西部多；平原和盆地少，山区多的特点。我国风雹分布范围最广、发生日数最多的地区位于青藏高原。自青藏高原雹区向东，可分为南北两个多雹日带。南方多雹日带包括江苏、安徽、广西、贵州等省份；这些省份虽然风雹发生日数多，但雹粒小，灾害程度较轻。北方多雹日带包括内蒙古、辽宁、吉林、陕西等省份，是我国长度最长、跨度最宽的一个多雹日带，受灾面积与南方多雹日带相比较小，但是其成灾面积占受灾面积的比重较大（江丽和安萍莉，2011）。

4. 霜冻

在农作物生长季节里，地面和植物表面温度在短时间内骤降到致使农作物遭受伤害或者死亡的低温，称为霜冻（黄宇和王华，2008）。霜冻作为主要农业气象灾害之一，在我国从北向南、从西向东都时有发生。总体来说，霜冻主要发生在冬春和秋冬交替之时。春霜冻是指越冬作物返青后、春播作物出芽发苗时期发生的霜冻。进入春季后，太阳辐射强度和白天长度不断增加，但是北方冷空气在此时会经常持续性地侵袭，在辐射冷却和冷平流降温的综合作用下，就会出现春霜冻（张建军等，2009）。春霜冻对春季返青生长的越冬作物、春播作物以及茄果类作物的生长发育有极大的影响。春霜冻发生时间过晚会危害到作物的生长发育，春霜冻发生越晚，强度越大，对作物的危害就越严重。每年秋季出现的第一场霜冻被称为秋霜冻。秋霜冻对晚熟的秋熟作物影响较大，如果发生在我国东北、华北和西北地区，将影响作物的成熟，大大降低作物的产量；如果发生在华北和长江流域，不仅会影响棉花等作物的品质，还会使其产量明显下降。秋霜冻出现时间过早会对我国东北、华北及西北地区秋播作物的生长发育造成严重影响，秋霜冻发生的时间越早，发生强度越大，作物的受害程度就会越严重，经济损失也就越大。

　　已有许多研究关注于气候变化下农业气象灾害的风险评估（Wilhelmi and Wilhite, 2002; Zhang, 2004; Hao et al., 2012）。国内关于农业气象灾害影响评估主要包括综合模型评估、作物模型评估和灾害风险评估，评估内容包括作物产量损失、社会经济损失和灾害风险区划等方面（常彦军和董津瑞, 2001）。研究显示，1950~2001 年，中国年均受旱面积 2000 多万 hm^2，其中成灾 930 万 hm^2，全国每年因旱灾损失粮食 1400 多万吨，占同期全国粮食产量的 4.7%（居辉等, 2007）。洪涝亦会给农业生产带来不利影响，与 1970 年相比，洪涝影响的农田面积剧增了 88%，干旱和洪涝造成的农作物绝收面积由 1980 年的 400 万 hm^2 增加到 21 世纪初的 500 万 hm^2（Piao et al., 2010）。Hao 等（2012）采用基于信息扩散技术的风险分析方法对 583 个农业站点数据进行了分析，结果显示，无论频率还是强度中国农业受干旱影响的风险都非常大，具体体现为北方受灾风险高于南方。王春乙和郑昌玲（2007）统计了产量、灾害和气象资料，分析了中国主要农业气象灾害的空间和时间分布特征，结果表明，与其他灾害相比，旱灾、洪涝和冷冻害是中国主要的农业气象灾害类型，具体地，玉米和大豆产区主要灾害类型是旱灾，而水稻产区主要灾害类型为冷害和洪涝，冬小麦和油菜产区的主要灾害类型是冻害。

　　然而，从不同角度如受灾程度、受灾风险、产量影响对各主要农业气象灾害进行综合量化评估的研究还较少，而且，作为人们关注的重要指标，农业气象灾害对农作物产量影响的研究还非常有限，而农作物产量中代表技术进步的产量（趋势产量）的存在势必会影响风险评估结果，是目前需要解决的科学问题。因此，对主要农业气象灾害的动态变化及其区域分布特征进行分析，并对主要农业气象灾害成灾面积风险进行评价，可为中国农业防灾减灾措施的制定提供依据。

3.2　我国农业气象灾害受灾情况及历史变化特征

3.2.1　农业气象灾害受灾总体情况及其变化特征

　　1978~2008 年我国农业气象灾害（干旱、洪涝、霜冻和风雹）的年均成灾面积比例及其变异系数如图 3-1 所示。干旱、洪涝、霜冻和风雹灾年均成灾面积比例分别为 8.5%、4.3%、1%、1.6%，说明干旱和洪涝是我国农业气象灾害的主要类型。然而，四种灾害成灾面积比例的变异系数分别为 39%、48%、97%、30%，说明霜冻和洪涝的受灾情况年际间变异较大，增加了灾情预报的不确定性。

　　为探讨我国农业气象灾害的历史变化特征，分析和比较了 1978~1987 年（时段Ⅰ）、1988~1997 年（时段Ⅱ）和 1998~2008 年（时段Ⅲ）农业气象灾害平均成灾面积比例及其变异系数的变化趋势。从图 3-1 可以看出，除风雹灾成灾面积比例逐渐下降外，与时段Ⅰ相比，旱灾、洪涝和霜冻灾的成灾面积比例在时段Ⅲ均有显著增加。较为一致的是，与时段Ⅰ相比，四种农业气象灾害在时段Ⅲ的成灾面积比例变异系数均有较大幅度的增加，说明了气候变化的愈演愈烈造成了农业气象灾害变异程度的增加，而灾害发生程度较大的不确定性有可能比发生程度的大小更应引起人们的关注。

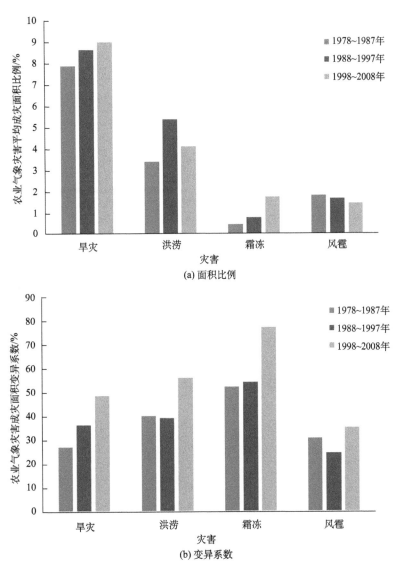

图 3-1　不同时段我国农业气象灾害成灾面积比例和变异系数对比

3.2.2　旱灾、洪涝、霜冻灾、风雹灾受灾情况

为了解农业气象灾害发生程度和不确定性在不同省份之间的差异，计算了各省份

1978～2008 年年均成灾面积比例及其变异系数，并分析了其区域分布特征。旱灾在各省份都有发生，但发生程度不同。总体上，旱灾成灾面积比例在中国呈现出北高南低的特点，各省份年均成灾面积比例分布在 0.1%～20%之间。旱灾成灾面积比例最高的省份为内蒙古和山西，分别为 19.7%和 20%；而上海和浙江，以及福建和广东，年均旱灾成灾面积比例仅为 0.1%、2.3%、2.6%和 2.8%，显著低于其他省份。然而，旱灾成灾面积变异系数的区域分布与成灾面积比例有较大差别。不同省份旱灾成灾面积变异系数在 55%～184%之间，变异系数最高的是上海、重庆和青海，分别为 557%、184%和 159%，最低的为河北和内蒙古，分别为 55%和 56%。东北三省无论是成灾面积比例还是其变异系数均较高，说明东三省受灾程度和不确定性都较高。而尽管南方特别是长江中下游地区省份成灾面积比例较低，但其不确定性较高。对于对水分需求较多的南方农田，突发旱灾所带来的损失可能比北方更为严重。

中国洪涝的受灾情况呈现出南高北低、东高西低的特点。各省份洪涝的成灾面积比例为 1%～7%。与其他地区相比，安徽和湖北以及吉林洪涝灾害较为严重，成灾面积比例均为 7%左右。而北京、上海、新疆受洪涝灾害的程度较轻，成灾面积比例仅为 1%左右。对于东三省和长江中下游的江苏和安徽，其洪涝受灾程度及其不确定性都较高；而北方一些省份例如河北、新疆、青海遭受洪涝的不确定性较高。

总体上各省份霜冻灾受灾程度较轻，而成灾面积比例较为相近，为 0.1%～2.1%。成灾面积比例的区域分布较为均匀，说明受灾程度与地域分布关联较小。北京、天津、河北、山东的受灾程度较轻，而宁夏、湖北、内蒙古等省份遭受霜冻灾的程度较重。与其他灾害相比，霜冻灾发生的不确定性普遍较高，为 110%～485%；四川和云南最低，为 110%左右；除几个直辖市外，海南、湖南、西藏和浙江的不确定性都较高，变异系数均在 250%以上。

风雹灾在各案例省份发生的程度亦有所不同，成灾面积比例为 0.3%～5.5%。总体上，呈现北高南低的特点。其中，青藏区的青海是所有省份中风雹灾最严重的地区，年均成灾面积比例为 5.5%；其次是内蒙古、甘肃和河北，分别为 3.1%、3%和 2.9%。而华南区的福建和海南风雹灾受灾轻微，成灾面积比例仅为 0.7%和 0.3%，显著低于其他省份。与平均成灾面积不同，中国风雹灾发生程度的不确定性呈现为北低南高，广东和海南风雹灾成灾面积的变异系数高达 170%以上。因此，在探讨农业气象灾害风险的时候，应当更关注于低受灾程度但高受灾不确定性的区域。

已有研究指出，干旱是中国最严重的农业气象灾害，其发生频率高、分布广、面积大且持续时间长，而霜冻灾的危害程度较小（胡婷等，2013）。然而，通过计算多年成灾面积比例的变异系数，结果发现成灾面积比例最小的霜冻灾其多年成灾面积比例的变异系数最大，平均高达 159%，说明了霜冻灾成灾程度年际间波动较大，不确定性较高。而霜冻灾会引起植株体内的水分结成冰晶，导致细胞脱水和原生质遭到破坏，从而引起作物死亡（Hao et al., 2012; Zhang, 2004）。因此，不应忽视霜冻灾成灾比例年际间较大变率导致对粮食安全生产的威胁。

3.2.3　旱灾、洪涝、霜冻灾、风雹灾历史变化趋势

通过对比 1978～1992 年（时段Ⅰ）和 1993～2008 年（时段Ⅱ），发现各气象灾害历史变化分布特征较为明显。与时段Ⅰ相比，31 个省份（除香港特别行政区、澳门特别行政区和台湾省，下同）中有 20 个省份旱灾成灾面积比例增加，占全国的 65%。中国北方主要农业区的干旱面积一直上升、夏秋两季干旱日益严重，华北、华东北部干旱面积扩大尤其迅速，形势尤其严峻（秦大河，2009）。其中，吉林和新疆旱灾成灾面积增加 1 倍，而海南和青海则更是增加了 2 倍；西藏的旱灾成灾面积则减少了 86%。通过计算各省份两个时段农业气象灾害成灾面积变异系数可以发现，各省份农业气象灾害发生的不确定性呈现出不同的变化趋势（图 3-2）。与时段Ⅱ相比，近 15 年 40% 的省份成灾面积变异系数有增加的趋势，说明了气候变化的愈演愈烈带来了农业气象灾害发生的变异性和不确定性增加。具体地，华北和长江中下游大部分省份变异系数有所增加；山东和西藏遭受旱灾的不确定性增加了近 1 倍。可以看出，作为重要的边缘气候区，尽管西藏的成灾面积比例有所下降，但其不确定性增加最多，其不确定风险最大。20 世纪 50 年代以来，我国农业干旱受灾、成灾面积逐年增加，每年因旱灾损失粮食 250 亿～300 亿 kg，占自然灾害损失总量的 60%。

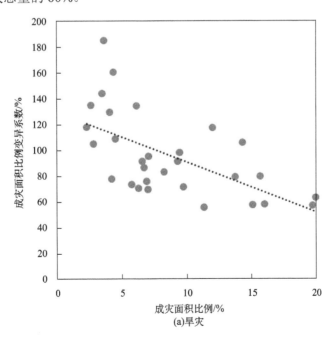

(a)旱灾

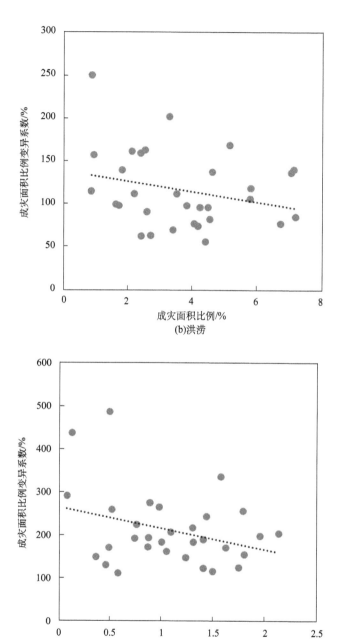

(b)洪涝

(c)霜冻灾

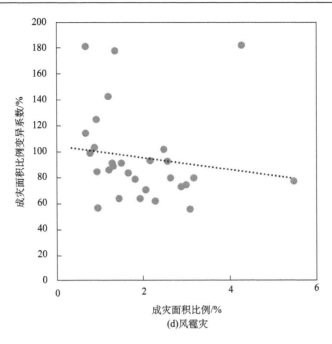

图 3-2　不同省份农业气象灾害平均成灾面积比例与其变异系数的相关性分析

与 1978～1992 年相比,61%的省份洪涝成灾面积比例在 1993～2008 年有显著增加。江西、湖南、广西和海南等南方省份洪涝成灾面积增加了 95%～163%,而青海、西藏和新疆等处于边缘气候区的省份洪涝成灾面积则增加了 1.5 倍以上;也有一些省份洪涝成灾面积有所下降,例如,东北地区的黑龙江、吉林以及华北的天津洪涝成灾面积降低了 40%～54%,而长江中下游的江苏也下降了约 38%。两个时段洪涝成灾面积变异系数的变化呈现出显著的区域性特征。东北和华北大部分地区洪涝成灾面积年际间变异性有所增加。一些省份尽管成灾面积比例有所下降,但不确定性增加显著,如黑龙江、吉林和山西,尽管其成灾面积比例下降了 8%～51%,但其变异系数增加了 6%～58%。

气候变暖引起的我国持续的冬前和冬季偏暖使得越冬作物春季冻害风险加大。大多数省份(77%)霜冻灾的成灾面积比例均有显著增加,亦有将近 68%的省份霜冻灾成灾面积比例变异系数有显著增加。黄淮海平原、长江中下游平原以及华南大部分地区霜冻灾成灾面积比例大幅增加。有研究显示,1998 年河南省发生大范围的越冬冻害,造成的损失占全部农业灾害的 20%;2004 年黄淮海地区从播种至 12 月 20 日温度持续偏高 2～6℃,导致麦苗生长过旺,但 12 月 20 日出现的大范围降温、降雪天气使得气温骤降 5～10℃,麦苗无法适应气温突变,导致黄淮麦区冬小麦受冻面积达 333 万 hm^2,其中严重冻害超过 33.3 万 hm^2(李茂松等, 2005)。20 世纪 90 年代以来,华南地区严重冬季寒害发生了 5 次,为 50 年代以来严重寒害次数的 62.5%。

风雹灾成灾面积比例增加的省份较少(23%),大多数省份风雹灾成灾面积比例呈下降趋势。然而，有 48% 的省份风雹灾成灾面积比例变异系数呈现增加趋势，而且，变异系数增加的区域主要分布在南方。说明在制定防灾减灾政策时，更应关注南方地区遭受风雹灾的不确定性。

将各省份平均成灾面积比例与变异系数进行相关性分析得出，各省农业气象灾害的平均成灾面积比例与变异系数呈负相关关系，特别是旱灾，负相关性非常明显，这说明成灾面积比例低的省份，其成灾面积波动性反而较大。一些省份旱灾和洪涝成灾面积占播种面积比例都较小，但年际间变异系数却是所有省份中最高的，呈现出低受灾程度高波动风险的特征,而高的波动风险将可能增加灾害预报的不确定性和成灾的突发性风险。

3.3 我国农业气象灾害风险评估

3.3.1 农业气象灾害总体风险

信息扩散理论主要是用于对小样本进行准确分析的数学方法。近年来，越来越多的研究采用信息扩散理论进行灾害的风险评估。信息扩散理论是一种对样本极值化的模糊数学处理方式，用以弥补因样本信息缺失而使用模糊信息的不足。信息扩散理论可以将一个明确值的样本点，转变为一个模糊集；换言之，就是把单一值的样本点，变成多个值的样本集，然后将模糊集进行归一化信息分布，采用概率分布函数原理便可以分析超越某受灾程度的发生概率。本节基于农业灾害成灾面积数据库和农作物播种面积数据库，采用信息扩散技术，计算了农业气象灾害成灾面积比例高于 5%、10%、15% 和 20% 的概率，从而对我国农业气象灾害风险的区域分布进行了分析和评价。

总体上，我国农业受灾风险由北向南逐渐降低。全国大部分地区农业灾害成灾面积占农作物播种面积的比例大于 5% 的概率均大于 76%，说明我国各地区农业受灾风险普遍较高。内蒙古处在边缘气候区，其遭受农业气象灾害成灾面积大于 20% 的概率高达 74%,此外，黄土高原区的山西和西北地区的陕西、甘肃农业气象灾害成灾面积大于 20% 的概率均在 60% 以上。北方大部分地区种植业成灾面积占作物播种面积比例大于 20% 的风险在 34% 以上,说明这些地区是我国农作物生产受灾风险最高的地区，应当引起重视。

3.3.2 旱灾、洪涝、风雹灾、霜冻灾受灾风险评价

旱灾和洪涝发生的风险高于风雹灾和霜冻灾。以成灾面积大于 5% 的概率为例，中国旱灾和洪涝发生概率在 20% 以上的地区分别有 29 个和 20 个，而风雹灾只有 5 个，所有省份霜冻灾成灾面积比例大于 5% 的概率均低于 15%。旱灾发生风险较高的地区为北方地区，其中以黄土高原、内蒙古及长城沿线区以及甘肃风险最高；而水灾发生风险较

高的地区主要分布在东北地区和长江中下游地区；内蒙古及长城沿线区、甘新区及黄土高原和东北的部分地区遭受风雹灾风险的概率较高；发生霜冻灾概率较高的地区分布在长江中下游地区和东北地区。

所有省份旱灾成灾面积比例在 5% 以上的概率为 18%～93%，在 20% 以上的概率为 0～48%。内蒙古、山西和甘肃遭受旱灾的概率最高，成灾面积比例在 10% 以上的概率高达 82%、76% 和 72%。而华南区的福建和长江中下游地区的浙江遭受旱灾的风险最低，成灾面积比例在 5% 以上发生的概率仅为 21% 和 18%。研究发现，东北地区无论遭受重度旱灾还是轻度旱灾的风险均较高，而东北地区是我国主要的粮食产区，较高的受灾风险将对粮食安全带来影响。

我国遭受洪涝灾害风险整体的分布特点是南高北低，东高西低。除新疆外，其他案例省份均面临洪涝成灾面积比例在 5% 以上的风险，概率为 6.16%～62.07%；而成灾面积比例在 10% 以上发生的概率相对较低（0～30.87%）。具体地，辽宁和吉林遭受严重灾害（成灾面积比例大于 20%）风险最高，均为 10% 左右，即辽宁和吉林省洪涝成灾面积大于 20% 为十年一遇。长江中下游地区的安徽省、华南区的湖北省以及东北地区的吉林省洪涝成灾面积比例在 10% 以上的概率最高，分别为 31%、30% 和 28%；湖南省尽管成灾面积比例在 5% 以上的概率较高（59%），但发生严重洪涝灾害（成灾面积比例>20%）概率较低，仅为 2.8%。其他区域发生洪涝的风险较低，有些省份如西北地区的甘肃、青海、宁夏、新疆，以及山东和云南洪涝成灾面积比例在 10% 以上的概率均接近为 0。

风雹灾成灾面积比例在 5% 以上的概率为 0～50%，其中，青海省、天津市风雹灾成灾面积比例在 5% 以上的概率最高，分别为 50% 和 45%。尽管大多数案例省份风雹灾成灾面积比例在 10% 以上概率都非常小（接近 0），但青海省和天津市的概率仍达到了 18% 和 13%。

从全国来看，霜冻灾发生的风险没有明显的区域性分布特征，一些省份遭受霜冻灾的风险原高于其他省份。各省份霜冻灾成灾面积比例在 5% 和 10% 以上的概率分别为 0～15% 和 0～6%。内蒙古成灾面积比例超过 5% 以上的概率在所有案例省份中最高，为 12%，而华南地区的湖北和湖南、西北地区的宁夏和陕西以及西藏遭受霜冻灾成灾面积 5% 的概率也较高，均在 10% 以上；而山西、西藏和宁夏成灾面积比例超过 10% 以上的概率为 5% 左右，是概率最高的省份。

与卢丽萍等（2009）的研究相同，长江中下游地区和东北地区省份遭受洪涝的风险较高，而西北地区省份的风险较低。刘玲等（2003）的研究也显示，长江中下游和东北地区的水稻、小麦和油菜等作物会由于土壤积水而危害根系，进而造成减产。尽管风雹灾发生的概率与旱灾和洪涝相比较小，但区域分布较为明显。中国是世界上风雹灾发生率较高的国家之一，总体分布特点为中纬度地区的发生率高于高纬度或低纬度地区，山区高于平原，内陆高于沿海（张国庆和刘蓓，2004）。本研究结果显示，青海风雹灾风险最高，而北方的内蒙古、山西、山东和新疆以及南方的四川、云南等省份次之。杨尚英等（2007）研究也指出，自青藏高原雹区以东，可分成南北两个多雹带。南方多雹日带包括四川、重庆、云南、贵州等地区；北方多雹日带包括内蒙古、山东、河南、山西等地区。

3.4 农业气象灾害对作物气象减产的影响

3.4.1 我国粮食生产的气候变化影响风险评价

气候变化的影响下，我国粮食产量究竟经过了什么样的历程？受气候变化影响有多大？不同地理区域、省级区域产量风险有何不同特点？回答这些问题对应对未来气候变化和粮食生产的风险，保证粮食安全具有极其重要的现实意义。

根据影响作物最终产量形成的各种自然和非自然因素，按影响的性质和时间尺度将粮食单产时间序列分解为趋势产量、气象产量和随机产量。相对于气象因子，土壤因子、地形因子和人为因子等环境因子年际间变化较小，能代表某一地域某一时期的生产力水平，因此常把这些因子决定的作物产量定义为趋势产量。随着作物品种不断改良、农用化肥改进以及种植技术的提高，作物的趋势产量在逐年增高，且在作物产量中占的比重较大，而随机产量在作物产量中占的比重很小，常常被忽略不计。在研究中，通常采用直线滑动平均模型（王馥棠，1990）进行模拟，获得趋势产量；求出趋势产量之后，将粮食实际产量与其相减，便可获得气象产量，而气象产量占实际产量的比重，则称之为相对气象产量。

根据风险评价理论，可以采用年均减产率、变异系数、高风险概率 3 个风险指标及综合减产风险指标对我国粮食产量减产风险进行评价，采用变异系数对产量波动性进行分析，最终使用聚类分析的方法将我国粮食生产的气候变化影响风险分为高、较高、中、较低、低 5 个风险级别。

3.4.2 分省区粮食产量波动性分析

气候变暖和大气 CO_2 浓度的升高可能会带来一些地区粮食的增产，但是，气候要素的波动与异常带来的是粮食供给的稳定性和持续性问题。已有研究（赵听奕和张惠远，2000；吴金栋和太华杰，1996）表明，中国气温和降水均体现出较大的不稳定性，从而带来粮食产量的波动，这将造成我们对未来产量估计的不确定性。由表 3-1 可见，西藏、吉林、辽宁这些边缘气候区的产量变异系数高达 41.43%、22.50% 和 24.62%，产量很不稳定；而天津、安徽、黑龙江等 7 个省份的变异系数相对全国而言处于中等水平，说明这些省份的产量存在一定程度的变异。由此可见，产量不稳定的区域主要还是分布在东北、华北的大部分地区。

表 3-1　1949～2006 年粮食单产变异系数分布

风险类型	变异系数/%	分布省份
高	41.43	西藏
较高	22.50，24.62	吉林，辽宁
中	13.51～15.77	天津，安徽，黑龙江，青海，山西，内蒙古，北京
较低	9.97～12.51	上海，贵州，宁夏，河南，广东，陕西，甘肃，浙江，江苏，山东，海南，河北
低	6.25～9.52	广西，湖北，四川，福建，湖南，新疆，云南，江西

3.4.3　减产风险评价

1. 减产率评价

减产率（annual decline rate，ADR）主要反映该地区受气候影响的年均减产幅度的大小，ADR 值越大，说明该地区产量受气候变化负面影响的程度越深。全国各地区的年平均减产率为 1.05%～5.20%，不同地区间差异很大。从表 3-2 中可知，东北三省辽宁、吉林、黑龙江，华北地区的内蒙古、天津、山西、河北，西北地区的青海、宁夏、甘肃以及华东地区的安徽省均属于减产幅度较大的区域，年均减产率达 3.64%～5.20%，表明这些省份的粮食产量受气候减产幅度较大，损失较为严重。而华东地区的浙江、江苏、上海、江西，华南地区的湖北、广东、福建、湖南、广西，以及西南地区的云南、四川、西藏等省、自治区、直辖市均处于较低风险和低风险水平，受气候变化影响的减产幅度较小。

气候变化国家评估报告显示，近 50 年来，我国气候变化强度逐年加剧，北方地区和青藏高原增温比其他地区显著（丁一汇等，2006），从而使青藏高原的季节性冻土深度近些年来有了显著的下降（Zhao et al.，2004）。同时也有研究表明气候变暖是北方地区和西部地区小麦种植区域扩展的主要驱动力（Deng et al.，2008）；东北北部和内蒙古大部分地区的年降水量有一定程度的增加，而华北、西北东部、东北南部等地区年降水量出现下降趋势；西部大部分地区的年降水量有比较明显的增加；西南地区出现降温现象，春季和夏季降温尤为突出；长江中下游地区夏季平均气温也呈降低趋势；同时，长江中下游和东南地区年降水量平均增加了 60～130mm（丁一汇等，2006）。气候变化不同区域间的类型和强度的差异导致了各地区不同程度的气象产量减产，而不同区域影响粮食减产的具体气象要素及其机理则需要进一步的研究。

表 3-2 1949~2006 年我国部分省区粮食产量年均减产率分布

风险类型	减产率/%	分布省份
高	4.58~5.20	内蒙古，青海，天津，辽宁，吉林，黑龙江，宁夏
较高	3.64~3.97	甘肃，山西，河北，安徽
中	3.29~3.54	北京，陕西，贵州，河南，海南，山东，新疆
较低	2.08~2.51	湖北，浙江，广东，江苏，福建，上海，西藏，湖南，广西，云南
低	1.05~1.63	江西，四川

2. 减产率浮动性评价

减产率浮动性指标反映了该地区气候变化下减产的幅度变动，可以说明极端气候对减产的影响程度。如表 3-3，华东地区的江苏、浙江，华南地区的湖南、湖北，以及新疆、西藏等省份均属于气候负面影响的敏感区域，尽管在减产率指标分析中这些地区风险较小，但它们粮食生产受气候变化负面影响的敏感性比较强，减产幅度的变率较大，不易把握其减产幅度，应当注重气象灾害的防御工作，否则可能遭遇更加严重的减产风险。而华北地区的天津、内蒙古、山西，西南地区的贵州、四川，东北的黑龙江、吉林，华东的江西、安徽，华南的海南，西北的陕西等省份的敏感性较弱，风险较小。

表 3-3 1949~2006 年气象产量减产率的浮动性分布

风险类型	浮动性范围/%	分布省份
高	116.47~131.15	湖北，江苏，湖南，新疆
较高	102.43~113.20	浙江，福建，西藏
中	81.51~90.37	青海，河北，山东，广东，河南，甘肃，上海，辽宁，广西，北京，云南，宁夏
较低	72.48~79.68	天津，贵州，内蒙古，黑龙江，山西，海南，陕西
低	61.06~67.93	江西，吉林，安徽，四川

3. 高风险概率评价

高风险概率（high risk probability, HRP）指标反映了研究区域产量气象减产幅度达5%的概率。HRP 值越高，说明该地区出现灾年的概率越高，减产风险越大。如表 3-4 所示，属于高风险的省份达 8 个之多，其中东北三省仍然在列，而西北的甘肃、新疆、青海，华北的天津、内蒙古均属于高风险级别，这些省份遭遇气象减产灾年的可能性高达

31.21%～37.45%；而且仍然有河北、河南等 10 个省份、直辖市位于较高概率之列，国家制定抗灾减灾策略时应当额外重视这几个省份，以尽量减少气候变化对我国粮食安全造成的威胁。仅有广西、云南、四川、江西等四省达到灾年的概率较小，为 10.75%～19.22%。

表 3-4　1949～2006 年气象产量减产高风险概率分布

风险类型	高风险概率/%	分布省份
高	31.21～37.45	青海，内蒙古，天津，辽宁，黑龙江，吉林，甘肃，新疆
较高	33.00～37.45	河北，河南，山西，北京，贵州，安徽，陕西，山东，海南，西藏
中	21.77～24.83	湖北，江苏，浙江，福建，广东，湖南，上海
较低	15.39～19.22	广西，云南，四川
低	10.75	江西

而气象减产形成灾年的主要原因，大多在于 1949～2006 年来各地区气候变化强度的影响和愈演愈烈的极端气候事件。据报道，近年来中国华北和东北地区干旱趋势严重，西北地区发生强降水事件的频率有所增加，而中国西北东部、华北大部和东北南部干旱面积呈增加趋势；长江中下游流域和东南地区洪涝加重以及夏季暴雨日数增多明显；而 20 世纪 90 年代以来登陆中国的台风数量呈现下降趋势，1955～2005 年来东南沿海地区台风雨量也有所减少（丁一汇和孙颖，2006）。由高风险概率指数的分析结果可以看出，全国产量受气候影响大幅减产的概率较高，面临的形势较为严峻，需根据各地区气候变化强度和极端气候事件类型、频率制定具体的应对策略。

4. 综合评价

对上述减产率、减产不确定性、高风险概率 3 个指标进行综合评估，得到 1955～2005 年粮食生产气象产量减产综合风险的区域分布。气象产量减产的综合风险则表现为北高南低的态势。具体地，边缘气候区的东北地区、内蒙古、新疆，以及内陆的天津、河北、青海、宁夏、甘肃等地区均位于产量综合风险的严重、重度风险区域之列，而这些区域的粮食播种面积为全国的 31%，粮食产量约为全国产量的 29%（以 2006 年计），所占比重之大需要引起国家的高度重视。相比之下，华东地区的江西省、上海市，西南地区的四川、云南，华南地区的广东、广西则减产风险较轻。而河南、湖北、江苏、西藏、山西、北京、湖南、山东、贵州、福建、陕西、浙江、海南、安徽 14 个省份的减产综合风险在全国来说属于中等水平。

3.4.4 农业气象灾害与作物气象减产

　　将案例省份 4 类农业气象灾害成灾面积比例与相对气象产量进行多元回归，量化分析了农业气象灾害对农作物产量的影响（表 3-5）。基于各省粮食产量数据，采用直线滑动平均模型，将各省份粮食产量中技术进步带来的趋势产量剥离，计算得出气象产量，并将其与各省份不同灾害类型的成灾百分比进行多元回归分析，研究了农业灾害对中国各省份气象产量的影响程度。结果显示，成灾面积的增加使得多数省份气象产量有了显著的降低。对于华北地区的山西、河北、山东，西北地区的陕西、甘肃、宁夏、西藏，西南地区的四川、贵州、云南，以及中部的湖南，旱灾成灾面积比例每增加 1%，相对气象产量显著减少 0.15%～0.48%，其他灾害面积比例的变化对相对气象产量无显著影响。四类农业气象灾害中，显著影响江苏、湖北、广东和广西相对气象产量的灾害是洪涝，这四个省份洪涝成灾面积每增加 1%，其相对气象产量分别减少 0.17%、0.26%、0.23% 和 0.41%。而新疆霜冻灾成灾面积每增加 1%，相对气象产量减少 0.29%（表 3-5）。

　　而一些省份的气象产量则受到两个以上的农业气象灾害的影响。对于东北三省、华北的天津、华东的安徽和江西及福建，旱灾和水灾面积的增加都显著减少了粮食的相对气象产量，具体地，旱灾成灾面积每增加 1%，相对气象产量减少 0.11%～0.53%，而水灾成灾面积每增加 1%，相对气象产量分别减少 0.07%～0.7%。对于边缘气候区内蒙古，旱灾和霜冻灾成灾面积的增加均对气象产量有显著影响，旱灾和霜冻灾成灾面积每增加 1%，相对气象产量均显著减少 0.38% 和 0.48%。青海旱灾和风雹灾成灾面积每增加 1%，相对气象产量减少 0.18% 和 0.34%。而对于河南省，旱灾、洪涝和霜冻灾均对其相对气象产量造成显著影响，旱灾、洪涝、霜冻灾成灾面积每增加 1%，相对气象产量显著减少 0.45%、0.67% 和 2.14%。

表 3-5　4 类农业气象灾害成灾面积比例与相对气象产量多元回归分析结果

省份	旱灾	洪涝	霜冻	风雹	截距	R^2
黑龙江	−0.42	−0.43	0	0	6.28	0.21
吉林	−0.45	−0.34	0	0	8.95	0.55
辽宁	−0.53	−0.70	0	0	11.62	0.67
内蒙古	−0.38	0	−0.48	0	8.21	0.47
北京	0	0	0	0.42	−1.27	0.09
天津	−0.25	−0.23	0	0	2.95	0.3
河南	−0.45	−0.67	−2.14	0	6.94	0.44
河北	−0.26	0	0	0	3.03	0.32
山东	−0.23	0	0	0	2.20	0.29

省份	旱灾	洪涝	霜冻	风雹	截距	R^2
山西	−0.37	0	0	0	7.21	0.53
陕西	−0.40	0	0	0	6.00	0.37
安徽	−0.24	−0.45	0	0	4.69	0.66
江西	−0.30	−0.18	0	0	2.32	0.38
江苏	0	−0.17	0	0	0.82	0.15
浙江	—	—	—	—	—	—
上海	—	—	—	—	—	—
四川	−0.20	0	0	0	1.42	0.19
贵州	−0.38	0	0	0	2.58	0.28
云南	−0.48	0	0	0	2.79	0.16
重庆	—	—	—	—	—	—
湖北	0	−0.26	0	0	1.98	0.26
湖南	−0.15	0	0	0	1.00	0.13
广东	0	−0.23	0	0	1.00	0.13
广西	0	−0.41	0	0	1.58	0.14
福建	−0.11	−0.07	0	0	0.57	0.06
海南	—	—	—	—	—	—
甘肃	−0.29	0	0	0	2.53	0.54
新疆	0	0	−0.29	0	0.39	0.22
宁夏	−0.18	0	0	0	2.56	0.27
西藏	−0.40	0	0	0	0.60	0.30
青海	−0.18	0	0	−0.34	4.10	0.33

自 20 世纪 80 年代以来，我国气候变化进程越来越快，主要表现为气温的逐年升高和各地区之间降水分配不均衡。而气温和降水这两个气候要素的变化是导致我国各省区粮食产量稳定性差异和减产风险的主要因素。研究 1978~2008 年的 10 个案例省份由于气候变化影响所造成的农作物气象产量变化，发现各案例省份农作物气象产量的波动风险和减产风险存在着一定程度的差异性。

东北地区、内蒙古及黄土高原区一些省份的产量波动性和年均减产率均高于其他案例省份。1953~2005 年，内蒙古自治区各作物种植区域气温均呈上升趋势，特别是自 1988 年以后变暖趋势明显（侯琼等，2008）。大兴安岭东麓、科尔沁地区和阴山北部丘陵区作为其主要农业生产区；大兴安岭东麓农作物生长期的降水量明显降低，科尔沁地区冬季降水量较以前显著下降，阴山北部丘陵区冬季降雪量骤减。气温升高和降水量下降引起了该地区农作物生长时期的干旱，对农作物生长发育造成了威胁。黑龙江省气温呈逐年上升趋势，气温的逐年上升对农作物的生长发育造成了一定的负面影响。黑龙江省的降水近年来随气温的上升呈现出明显减少趋势，以夏、秋两个季节最为显著，而夏、秋两季正是农作物生长的关键时期，因此对粮食产量的影响极大。在全球变暖的影响下，山西省的气温呈现上升趋势，春季和冬季的上升幅度最大。降水量在总体水平上呈现下降趋势，主要以夏、秋两季降水量减少为主。这对春播作物的播种和出苗造成了极大的阻碍。因此，减产风险是气候变化对我国农作物生产的主要影响结果。

同时，气候变化引起的极端气候会对一些气候敏感省份造成了极大的负面影响。作为近年来对极端气候越来越敏感的云南省，在 20 世纪 80 年代后期开始逐渐出现增温现象，并且增温现象越来越显著。随着气温的上升，其降水量逐渐减少，高温干旱现象呈增多趋势，灾害由几年一遇变为两年甚至一年一遇。2005 年和 2006 年的干旱更是云南省几十年来最严重的旱灾。处于边缘气候区的青海省，其气候条件相较于其他省区十分恶劣。作为风雹灾高发区，其雹灾发生率自 20 世纪 60 年代以来逐渐上升。雹灾主要发生在 5～10 月，其间以 6～8 月最多。东北部地区发生雹灾的次数占总雹灾次数的 86.35%，为全省雹灾高峰区（张国庆和刘蓓，2004）。而东部地区为青海省主要农业生产区，因此风雹灾对青海农作物的危害是毁灭性的，严重威胁着青海省的农作物产量。由此可见，气候变化下农作物产量的波动和减产风险，是未来我国农业生产中不可轻视的一个难题。积极应对气候变化对农作物生产的影响，是保障粮食安全最有效的途径之一。

如何在区域尺度上将农业气象灾害与农作物产量相结合来研究农业气象灾害的减产风险一直是诸多学者关注的焦点。王春乙等（2007）根据我国主要农作物产量、受灾面积和气象数据，研究了灾害的区域分布及对产量的影响；袭祝香和刘实（2006）依据统计资料，利用成灾面积、绝收面积和受灾面积建立多元回归方程以表示灾害造成的产量损失，分析了吉林省历年洪涝的受灾情况；宫德吉和陈素华（1999）将"期望产量"这一新概念用于灾害评估和产量预测中。本节研究将气象产量剥离技术与多元回归技术相结合，开发了用于量化农业气象灾害减产风险的方法学。结果显示，农业气象灾害对农作物产量的不利影响在各案例省份之间有所差异。总体来看，各案例省份的气象减产风险主要是由旱灾造成的，而洪涝、风雹灾和霜冻灾亦对一些省份的产量造成显著影响，例如安徽省主要减产因子为洪涝，青海省为风雹灾，而新疆则为霜冻灾。决定系数（R^2）可以体现回归方程对于两组数据间相关关系的解释程度。吉林、辽宁、安徽、甘肃、山西等省份决定系数均高于 50%，说明农业气象灾害的变化可以解释 50% 以上粮食气象产量的变化，这些省份农业气象灾害是造成气象减产的主要原因；而北京和福建的决定系数仅为 10% 以下，浙江、上海、重庆和海南农业气象灾害与粮食气象产量无显著关系，说明四种农业气象灾害并不能很好的解释年际间气象产量的变异，其气象减产可能与其他气象因子的影响有关。

农业气象灾害对农作物的不利影响在各省之间有所差异。对于黄土高原区、黄淮海区以及西南区的一些省份，旱灾成灾面积比例的增加，会显著减少农作物的相对气象产量；其他灾害成灾面积比例的变化对其相对气象产量无影响。黄土高原区是西北地区最主要的雨养旱作区，长期无雨或降水显著偏少，除春季外的三季均呈现干旱化趋势。位于该区的山西省主要种植春小麦，种植制度为一年一熟制或一年一熟制向两年三熟制、一年二熟制过渡。春小麦的生长发育过程大体分为 5 个主要阶段：出苗期、拔节期、抽穗期、乳熟期和成熟期。该区夏、秋季干旱会缩短春小麦在拔节-抽穗期阶段的生长发育时间，延长抽穗-乳熟期阶段的生殖生长，进而使乳熟-成熟期阶段的生长时间缩短，最终使春小麦的整个生长期缩短（赵鸿等，2007）。因此该省发生旱灾一方面会大幅度地降低春小麦营养生长的速度，使得其因没有生长完全而植株低矮，秧苗细弱，叶片窄短，整个营养生长滞后；另一方面，刚出苗的春小麦被迫过早进入生殖生长阶段，如此降低了成穗率，直接影响春小麦的产量（赵松龄，1996）。黄淮海地区属大陆性气候，是我国最主要的旱灾区。位于该区的山东省农作物以冬小麦为主，种植制度主要为一年二熟制，即冬小麦-夏玉米。该省降水多集中于 7～8 月，几乎占全年降水的 60%；多以春旱为主，有时秋季也会出现严重干旱，甚至会秋冬连旱。冬小麦在拔节期、抽穗期、返青期-拔节期、拔节期-抽穗期内对干旱极为敏感，该地区冬小麦在 6 月期间临近麦收或开始收割，10 月份处于播种阶段，因此其干旱敏感期大部分处在降水较少的季节（杨晓琳等，2012）。返青期缺水会显著降低冬小麦产量，拔节期、抽穗期水分缺乏会使冬小麦产量显著降低，且明显降低有效穗数和穗粒数。夏玉米生育阶段可划分为播种期、苗期、拔节-孕穗期、抽穗-开花期和灌浆-成熟期，每个阶段大约历时一个月。山东省夏玉米一般在 6 月中旬播种，抽穗-开花期正值干旱时期；抽穗-开花期干旱会导致产量极显著下降，而且干旱程度越严重，产量降低越多。四川盆地 1960～2010 年来降水量持续减少，连续无雨（少雨）日增多，秋季降水明显减少，农业干旱呈现突出的季节性和阶段性（周长艳等，2011）。从季节分布来看，四川盆地的干旱类型主要为春旱、夏旱和伏旱。春旱一般会影响小麦扬花结实和早稻播种；5～6 月的夏旱会降低早稻的抽穗开花率，影响中稻和玉米的栽插以及春玉米的传粉受精；7～8 月的伏旱会危害中稻的抽穗及玉米的生长。云南省位于低纬度高原，是我国典型的气候脆弱区。旱灾发生频率高且分布广泛，各县都有不同程度的干旱，主要为春旱，其次为夏季插花性干旱。该地区作物种植制度为一年二熟制，冬季作物为灌溉型农业，夏秋作物为补充灌溉型农业。每年 3～5 月为该地区作物播种移栽和幼苗期，6～8 月为作物营养生长中后期和生殖生长中期，7～8 月为产量形成关键期，9～10 月为经济产量形成关键期（黄中艳和朱勇，2009）。因此秋收作物受旱灾比重较大，这也是云南省农作物大面积低产的原因。

而对于东北地区和长江中下游地区的一些省份，旱灾和洪涝成灾面积比例的增加均显著减少了其农作物的相对气象产量。位于东北地区的黑龙江省降水多集中于夏、秋季，降水分布呈现夏秋多，冬春少，年际间变化大的特点；导致该省旱涝频繁、春旱秋涝、连旱连涝。黑龙江主要种植水稻、玉米和大豆，种植制度为一年一熟制。春播时期干旱对水稻、玉米和大豆的播种进度均有影响。水稻在返青期缺乏水分，秧苗活棵和分蘖会受到影响；抽穗期受旱，会降低出穗率，致使水稻产量显著减少；灌浆期受旱，粒重降低而导致产量下降。玉米、大豆进入苗期后，如果水分供应不足，作物会发育不良，导致幼苗植株矮小。而淹水对玉米苗期影响最大，拔节期次之。玉米生育阶段发生淹水，会使玉米的穗长、出籽率、穗粒质量、穗粒数、百粒质量和产量均呈降低趋势（刘祖贵等，2013）。由于汛期雨量的不均匀分布，安徽省旱涝灾害发生频繁，并且经常发生旱涝急转的现象，干旱和洪涝已成为安徽省最严重的两大灾害（张效武等，2007；马晓群等，2002；王胜等，2008）。该省主要种植一季稻、冬小麦和夏玉米。干旱主要发生在 7～8月，此时为一季稻抽穗扬花至灌浆前期，干旱对其产量的影响最大。4～5 月发生的洪涝灾害对冬小麦产量的影响最严重，其对冬小麦产量的危害程度远远大于干旱。夏玉米生育期间的旱灾，主要发生在 7 月中旬至 8 月中旬的拔节-抽穗初期，此时正是夏玉米需水关键期，旱灾对其影响最为严重。夏玉米生育期间的洪涝灾害，主要发生在出苗后 8月中旬至 9 月上旬的抽雄开花期，此时发生洪涝灾害会直接阻碍灌浆，导致产量下降。福建全省各地都存在干旱问题，以夏旱为大，春旱次之。春旱一般出现在早稻播种时期，影响早稻的播种进度；夏旱按早稻乳熟后起算，主要危及晚稻的生长。洪涝灾害是福建省主要农业气象灾害之一，主要出现在 5～6 月。双季早稻在 5～6 月正处于孕穗-抽穗开花期，洪涝灾害会阻碍其开花授粉，使空壳率增高，产量严重下降。单季稻在此时处于分蘖期，洪涝灾害会对其植株的健壮和有效穗产生负面影响，最终影响产量（张星等，2008）。

对于边缘气候地区，内蒙古自治区的主要气象减产因子是旱灾和霜冻灾；青海省旱灾和风雹灾成灾面积比例每增加 1%，相对气象产量均显著减少 0.18%和 0.34%；而霜冻灾成灾面积比例的增加是导致新疆维吾尔自治区农作物气象减产的主要原因。内蒙古地区属于干旱半干旱地区，年内降水量少，且时空分布很不均匀，干旱是该地区最主要的自然灾害之一，尤其春旱较为严重，几乎每年都要发生。春旱的频繁出现使作物播种推迟，从而导致农作物生育期的缩短加剧（侯琼等，2009）。春秋季节内蒙古上空冷空气活动频繁，来自西伯利亚的冷空气经过蒙古国直接进入内蒙古，地面温度因冷空气迅速降至 0℃或以下，形成霜冻。该地区农作物最易受到霜冻灾害的时段为 5～6 月份的传粉播种时期以及 8 月下旬至 9 月下旬的秋收时期（王冰晨等，2009）。春霜冻是春播时期的主要灾害，对农作物幼苗生长发育、果树开花和花芽分化等都极度不利。内蒙古主要种植玉米，秋霜可造成玉米乳熟期和果实膨大期发育不良，严重时可能破坏农作物地上部分，使其停止生长，甚至植株被冻坏而死亡（王荣梅等，2013）。青海省干旱不仅发生频率高，而且春、夏季重旱和连旱的比例很大。10 月到翌年 4 月为春旱频发期，对春播作物的播种、出苗及前期的生长发育危害严重。夏旱一般发生在 6～8 月份，此时正是春播作物抽穗-灌浆的极度需水时期，干旱往往会使穗、粒数减少，造成作物严重减产。青海大部分地区的风雹灾主要集中于 6～9 月，风雹灾虽然发生频率低，持续时间也不长，但因其发生时间正为农作物抽穗至黄熟阶段，并且常常与狂风和强降水相伴，对农作物危害极大，时常造成减产甚至绝收。新疆是霜冻灾害频发的严重区域。新疆主要作物为玉米、棉花等，种植制度以一年一熟为主。霜冻对玉米成熟期的危害最大，成熟期灌浆遭遇秋霜冻，会阻碍玉米植株正常光合作用的进程，使茎秆向籽粒传输养料的通道被切断，被迫灌浆停止，使产量大幅下降（王荣梅等，2013）。

发生概率与减产风险是评价一个地区灾害威胁的重要指标，发生概率越高、减产风险越高说明该地区灾害威胁程度越高。旱灾是中国主要的农业气象灾害类型，为探讨发生概率与减产风险的关系，本节研究以旱灾为例，分析了各案例省份成灾面积比例>5%的概率与减产风险的相关关系（图 3-3）。总体上，两者呈负相关关系，即成灾概率越高，则减产风险越大。然而，个别省份并未体现出这种特征。例如，云南省的成灾概率并非最高，但减产风险为所有案例省份中最高。已有研究指出，应当对一些低概率但高风险的灾害予以重视，因为其造成的损失有时甚至比高概率低风险的灾害要大（Weitzman, 2009）。

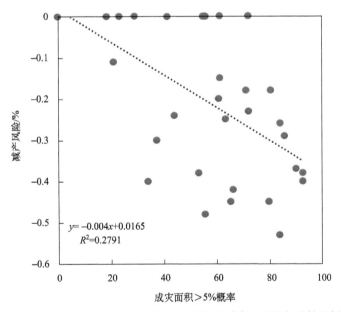

图 3-3　案例省份旱灾成灾面积＞5%概率与减产风险的相关性分析

3.5　存在的问题及解决办法

（1）农业灾害的形成主要受气象因素和极端性天气事件影响，同时，作物类型、土壤状况、有害生物本身的适应演变等诸多因素的影响使得农业灾害发生的类别、概率和强度有所差异。而与农业灾害研究相关的科研数据非常有限且较难获取，提高了气候变化对农业灾害影响的预估难度，同时研究结果也存在较大的不确定性。

针对上述问题，首先需要增强对点位尺度各种农业灾害类型、强度、频率、减产程度等数据的监测与搜集，为科学研究提供翔实的数据基础；其次，根据气候类型、种植制度等对全国农田进行细化分区，研究不同类型农田农业灾害情况和受灾风险；将农业灾害与气象因子相结合，分析气象因子对农业灾害形成的直接作用，再与气象模型结合，采用数学统计和模型相结合的方法，探讨未来气候变化情景对农业灾害的影响。

（2）目前对农业灾害风险大尺度的研究主要关注于受灾面积的数量及其变化情况，而气候变化对农业影响和风险评估的研究最终目的在于明确气候变化对粮食安全的影响，因此，将农业灾害风险与粮食减产幅度相结合，明确产量对于不同灾害类型和强度的反馈是目前研究的重点和难点；可以尝试在建立基于点位的农业灾害数据库的基础上，基于气候变化影响剥离技术，将气象产量与农业灾害数据相结合，采用多元统计方法和风险评估技术进行分析，探讨农业灾害发生的频率、强度等所能带来的粮食减产风险。

（3）我国主要农业灾害类型为旱灾和水灾。但是，低概率高风险的灾害类型和高概率低风险的灾害类型对于农业生产的影响会有较大差异，一些风险类型，如暴雨、冰雹等，尽管其发生概率较低，但对农作物造成的危害却超过一般性的灾害。因此，需要对不同灾害类型进行分类并明确各灾害类型对农业生产的风险。可基于农业灾害与粮食产量相结合的风险评估技术，分析不同类型农业灾害对粮食产量的直接影响，明确其影响规模和幅度，辨别低概率高风险和高概率低风险的灾害类型，为国家应对气候变化决策提供科学依据和技术参考。

（4）目前根据有害生物的温度生态位预测害虫的发生程度尚属初步，预测方法有待改进，预测案例有待扩大；当前对气候变化下稻、麦轮作田害虫发生的数量动态监测时间尚短，有待积累更长时间的数据方可做出较为可靠的预测。

针对此问题，需采用多个大气环流模型预设未来不同排放情景、时段的气候变化图景，据此预测部分重要害虫发生的世代数随温度升高而变化的较小尺度的地理分布格局，从而为预测气候变化影响害虫发生程度提供依据。继续观测稻-麦轮作田气候变化模拟系统内小麦和水稻害虫及其天敌的数量动态，积累数据后再做分析和预测。

参 考 文 献

常彦军, 董津瑞. 2001. 我国农业气象灾害评估现状和发展趋势. 黑龙江科技信息, (6): 20.
《第二次气候变化国家评估报告》编写委员会. 2011. 第二次气候变化国家评估报告. 北京: 科学出版社.
丁一汇, 孙颖. 2006. 国际气候变化研究新进展. 气候变化研究进展, 2(4): 161-167.
冯金社, 吴建安. 2008. 我国旱灾形势和减轻旱灾风险的主要对策. 灾害学, 23(2): 34-36.

宫德吉, 陈素华. 1999. 农业气象灾害损失评估方法及其在产量预报中的应用. 应用气象学报, 10(1): 66-71.

侯琼, 郭瑞清, 杨丽桃. 2009. 内蒙古气候变化及其对主要农作物的影响. 中国农业气象, 30(4): 560-564.

侯琼, 杨泽龙, 杨丽桃, 等. 2008. 1953—2005 年内蒙古东部产粮区气候变化特征研究. 气象与环境学报, 24(6): 6-12.

胡婷, 巢清尘, 黄磊, 等. 2013. 发展中国家气候灾害及应对能力调查分析. 气候变化研究进展, 9(6): 421-426.

黄宇, 王华. 2008. 霜冻对农作物的影响及防御. 湖南农业, (10): 13.

黄中艳, 朱勇. 2009. 1954~2007 年云南农业气候变化研究. 气象, 35(2): 111-118.

江丽, 安萍莉. 2011. 我国自然灾害时空分布及其粮食风险评估. 灾害学, 26(1): 48-59.

居辉, 许吟隆, 熊伟. 2007. 气候变化对我国农业的影响. 环境保护, 6(11): 71-73.

李茂松, 李森, 李育慧. 2003. 中国近 50 年旱灾灾情分析. 中国农业气象, 24(1): 7-10.

李茂松, 王道龙, 张强, 等. 2005. 2004~2005 年黄淮海地区冬小麦冻害成因分析. 自然灾害学报, 14(4): 51-55.

刘玲, 沙奕卓, 白月明. 2003. 中国主要农业气象灾害区域分布与减灾政策. 自然灾害学报, 12(2): 92-97.

刘彤, 闫天池. 2011. 我国的主要气象灾害及其经济损失. 自然灾害学报, 20(2): 90-95.

刘祖贵, 刘战东, 肖俊夫, 等. 2013. 苗期与拔节期淹涝抑制夏玉米生长发育、降低产量. 农业工程学报, 29(5): 44-52.

卢丽萍, 刘伟东, 程丛兰, 等. 2009. 30 年来我国农业气象灾害对农业生产的影响及其空间分布特征. 生态环境学报, 18(4): 1573-1578.

马晓群, 张爱民, 陈晓艺. 2002. 气候变化对安徽省淮河区域旱涝灾害的影响及适应对策. 中国农业气象, (4): 1-4.

聂俊峰. 2005. 我国北方干旱灾害性分析及减灾对策研究. 杨凌: 西北农林科技大学硕士学位论文.

秦大河. 2009. 气候变化与干旱. 科技导报, 27(11): 3.

覃志豪, 徐斌, 李茂松, 等. 2005. 我国主要农业气象灾害机理与监测研究进展. 自然灾害学报, 14(2): 61-69.

田国珍, 刘新立, 王平, 等. 2006. 中国洪水灾害风险区划及其成因分析. 灾害学, 21(2): 1-6.

王冰晨, 陈素华, 杨丽桃. 2009. 内蒙古霜冻发生特点及其对农业的影响. 内蒙古农业科技, (4): 52-54.

王春乙, 娄秀荣, 王建林. 2007. 中国农业气象灾害对作物产量的影响. 自然灾害学报, 16(5): 37-43.

王春乙, 郑昌玲. 2007. 农业气象灾害影响评估和防御技术研究进展. 气象研究与应用, 28(1): 1-5.

王荣梅, 张晓琴, 刘姣, 等. 2013. 新疆喀什地区近 50a 来霜冻变化特征及其对农业的影响. 干旱气象, 31(2): 309-312.

王胜, 鲁俊, 吴必文, 等. 2008. 安徽省夏季降水变化及其对旱涝的影响研究. 安徽农业科学, 36(7): 2870-2873.

王瑛, 王静爱, 吴文斌, 等. 2002. 中国农业雹灾灾情及其季节分区. 自然灾害学报, 11(4): 31-36.

裘祝香, 刘实. 2006. 吉林省洪涝造成农业损失的气象影响因素分析及评估方法研究. 吉林气象, (1): 16-17.

杨尚英, 张梅梅, 杨玉玲. 2007. 近 10 年来我国农业气象灾害分析. 江西农业学报, 19(7): 106-108.

杨晓琳, 宋振伟, 王宏, 等. 2012. 黄淮海农作区冬小麦需水量时空变化特征及气候影响因素分析. 中国生态农业学报, 20(3): 356-362.

姚玉璧, 张存杰, 邓振镛, 等. 2007. 气象、农业干旱指标综述. 干旱地区农业研究, 25(1): 185-189.

张国庆, 刘蓓. 2004. 青海省近四十年冰雹灾害的研究. 青海气象, (2): 19-23.

张海东, 罗勇, 王邦中, 等. 2006. 气象灾害和气候变化对国家安全的影响. 气候变化研究进展, 2(2): 85-88.

张建军, 刘艳红, 李晶晶. 2009. 北方春霜冻的危害及防御. 中国农业信息, (7): 24-25.

张效武, 徐维国, 施宏, 等. 2007. 安徽省旱涝急转规律的认识与研究. 中国水利, (5): 40-42.

张星, 陈惠, 吴菊薪. 2008. 气象灾害影响福建粮食生产安全的机理分析. 自然灾害学报, 17(2): 150-155.

赵鸿, 肖国举, 王润元, 等. 2007. 气候变化对半干旱雨养农业区春小麦生长的影响. 地球科学进展, 22(3): 322-327.

赵松龄. 1996. 春小麦干旱生理生态学. 西安: 陕西科学技术出版社: 1-376.

周长艳, 岑思弦, 李跃清, 等. 2011. 四川省近 50 年降水的变化特征及影响. 地理学报, 66(5): 619-630.

Hao L, Zhang X, Liu S. 2012. Risk assessment to China's agricultural drought disaster in county unit. Natural Hazards, 61(2): 785-801.

IPCC. 2013. Climate Change 2013: the Physical Science Basis. Cambridge: Cambridge University Press.

Piao S, Ciais P, Huang Y, et al. 2010. The impacts of climate change on water resources and agriculture in China. Nature, 467(7311): 43-51.

Weitzman M L. 2009. On modeling and interpreting the economics of catastrophic climate change. The Review of Economics and Statistics, 91(1): 1-19.

Wilhelmi O V, Wilhite D A. 2002. Assessing vulnerability to agricultural drought: a Nebraska case study. Natural Hazards, 25(1): 37-58.

Zhang J. 2004. Risk assessment of drought disaster in the maize-growing region of Songliao Plain, China. Agriculture, Ecosystems and Environment, 102(2): 133-153.

第4章 未来气候变化下农作物病虫害发生的风险评估

病、虫、草害是农作物生产过程中的主要胁迫因素之一。从全球农业生产估计，病、虫、草害给农作物产值造成约 30%以上的损失（图 4-1），我国农作物病、虫、草害现状与该估计值接近。我国自 20 世纪 50 年代以来，病、虫、草害发生面积呈逐年增加趋势，以病虫害为例，20 世纪 80 年代发生面积 1.8 亿 hm²，1990 年发生 2.2 亿 hm²，1991 年为 2.4 亿 hm²，1992 年为 2.6 亿 hm²（徐冠军，1999），这一发生趋势与气候变化不无关系。

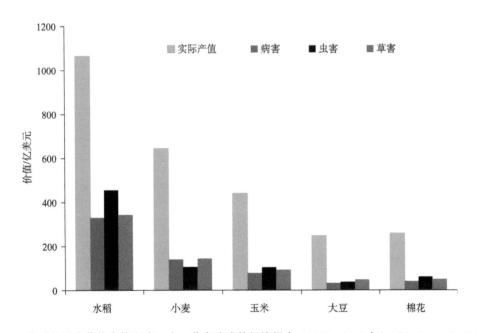

图 4-1 全球主要农作物产值和病、虫、草害造成的经济损失（1988～1998 年）（Oerke et al., 1996）

大量研究报告预测，气候变化将对世界农业生产造成很大影响（Cline，2007）。一方面，CO_2 浓度增高带来的"施肥效应"将促进主要农作物产量显著提高（至少在气候变化的初期）；降水格局的变化可能改善部分干旱和半干旱生态农业区的缺水现状，从而促进作物生长。另一方面，若干生物（病、虫、草害等）和非生物（温、湿度极端变化等）胁迫因素可能抵消上述促进作用，从而给农业生产带来不利影响（Ziska and Bunce,

2007)。因此，预测气候变化对农业的影响，必须考虑作物病、虫、草害等有害生物的胁迫影响。

根据气候变化对我国农业气象条件的影响预测，对我国主要粮食作物——小麦、水稻和玉米上的代表性重要害虫在气候变化下的发生趋势做一预测，即根据害虫生理生态特性对病、虫害的发生性质进行预测，采用生物气候包络模型对害虫分布区范围进行预测以及根据害虫发育与温度的关系对害虫发生世代数进行预测。综合这三种方法对害虫在气候变化下的发生趋势预测，可为应对气候变化影响农业有害生物的综合防治策略提供参考依据。

4.1　气候变化对小麦主要病虫害发生的影响

4.1.1　对小麦主要病虫害发生性质的预测

1. 虫害

根据 1950～2010 年气候变化的特征预测，西北大部分地区年均气温升高，干旱区降水量增加，麦长管蚜有加重趋势；西北东部干旱半干旱过渡带由于气温升高，降水量减少，麦二叉蚜、麦岩螨、沟金针虫的发生会加重。华北地区升温显著，华北的北部、西部增温大于南部、东部，降水减少，夏秋干旱严重，大部地区的土壤含水量减少，预示着东亚飞蝗、麦二叉蚜、麦岩螨会有加重发生的趋势；而黄河上游和江淮流域升温显著，降水量通常增加，麦红吸浆虫、黏虫、华北蝼蛄的发生趋势会加重。

2. 病害

以下病害对气候较敏感，当气候变化出现有利条件时，可能猖獗发生：①高温、高湿可能促使小麦赤霉病、小麦条锈病和小麦白粉病暴发；②低温高湿有利于小麦雪腐病猖獗；③高温干旱有利于小麦黄矮病和小麦丛矮病猖獗发生。

4.1.2　对主要害虫分布区的预测

1. 麦红吸浆虫

麦红吸浆虫是我国北方麦类作物上的毁灭性害虫，属双翅目瘿蚊科。该虫主要分布于欧洲、亚洲、北美洲，其中在我国北纬 27°～48°03′，东经 100°～131°08′的 23 个省份均有分布，但主要发生在北纬 31°～37°的黄河、淮河流域的旱作区（刘邵友，1999；辛相启和宋国春，1995）。我国的黑龙江、内蒙古、吉林、辽宁、宁夏、甘肃、青海、河北、山西、陕西、河南、山东、安徽、江苏、浙江、湖北、湖南及江河沿岸的平原麦区都有发生。历史上，麦红吸浆虫曾多次酿成灾害，20 世纪 50 年代因推广抗虫品种和土壤处理等得以短期控制，近年在甘肃春麦区及河北等省麦区危害加重，成灾频率有增加的趋势。麦红吸浆虫以幼虫为害花器和吸食麦粒浆液，造成瘪粒而减产，一般使小麦减产 10%～20%，重则减产 70%～90%，更甚者会导致个别田块绝收（袁锋等，2003）。

随着全球气候变暖的持续发生，小麦吸浆虫将有加重发生趋势。本章采用基于生理特性的生物气候模型（DYMEX 软件）和图形处理软件 ArcGIS，对麦红吸浆虫在中国的适生性进行分析研究；同时，针对未来气候变暖条件下麦红吸浆虫的扩散分布范围进行定性定量分析，着重预测预报其新迁入地的发生情况，为制定应对气候变化的麦红吸浆虫综合治理对策提供依据。

1）材料与方法

A. 麦红吸浆虫的生物学特征

麦红吸浆虫一年发生一代或多年发生一代，以老熟幼虫在土中结茧越冬，破茧幼虫到羽化的起点温度 9.8±1.1℃，羽化始温 15℃左右，成虫活动的最适气温为 20～25℃。幼虫到成虫有效积温 216℃（李建军等，1999）。在小麦拔节期若土温 10℃左右，土壤含水量 20%左右时，大部分幼虫开始破茧，上升到表土层 3～6cm 处准备化蛹。在小麦孕穗期，若土温在 15℃左右时，幼虫继续化蛹，如土壤湿度大时幼虫要爬上地面再回到土表下结长茧准备化蛹，蛹期 8～10 天。小麦抽穗时若土温 20℃时，成虫开始羽化出土，土壤湿度在 20%～25%时大量羽化，一般羽化盛期在上午 7～10 时，下午 15～18 时（袁锋等，2003）。麦红吸浆虫幼虫和蛹都喜欢栖息在潮湿的地方，它们最合适的土壤湿度为 80%～100%（周尧，1956）。土壤含水量低于 17%时幼虫不能化蛹，死亡率较高（辛相启和宋国春，1995）。

B. 软件工具与气象数据

本节研究采用澳大利亚科学与工业研究组织（CSIRO）开发的 DYMEX V3.0 和美国环境系统研究所（ESRI）开发的 ArcGIS V9.3 软件为主要分析工具。DYMEX V3.0 是 DYMEX V2.0 的升级版本，包含种群动态模拟、CLIMEX 潜在适生区预测以及气候变暖条件下生物的未来分布预测等三个模块。本节主要采用后两个模块进行分布区预测，通过假定气候是影响物种分布的主要因素，并利用种群增长指数、胁迫指数和限制条件（滞育和有效积温）描述物种对气候的不同反应，这两组参数构成生态气候指数，作为全面描述物种在某地区和年份适合度的指标（宋红敏等，2004）。该软件自带 88 个中国气象站点的基础数据，经过 ArcGIS 插值分析，补充添加到 730 个站点[由中国国家气象局（http://www.cma.gov.cn/）提供，包括 1981～2000 年平均气温、平均相对湿度、月平均降水量、日最高气温、日最低气温等相关气候因子资料]。

C. DYMEX 参数值的确定

根据麦红吸浆虫的生物学资料，初步设定 DYMEX 分析所需要的各项参数；根据 EPPO 所公布的麦红吸浆虫在世界的分布范围（EPPO，2010），拟选定欧洲、加拿大和美国作为调试地区，结合收集的生物学和地理分布资料，反复调试 DYMEX 各项参数，使麦红吸浆虫在欧洲的分布与 EPPO 所公布的实际情况吻合，初步确定麦红吸浆虫参数值；再次调试，使麦红吸浆虫在加拿大的分布与 EPPO 相吻合，从而确定 DYMEX 参数值；然后使用已确定的参数预测该虫在美国、印度、伊朗等国家的分布情况，以检测参数的准确性，最终确定用于麦红吸浆虫适生性分析的 DYMEX 参数体系。所用生物学资料包括麦红吸浆虫发育起始温度、最适温度、最高温度上限、有效积温、相对湿度、诱发滞育温度等。

D. 麦红吸浆虫在中国的适生范围与适生程度

根据 DYMEX 增长指数计算出某物种的种群增长指数（GI），然后再综合胁迫指数、交互胁迫指数和限制条件（滞育和有效积温），即可得到生态气候指数（ecoclimatic index，EI）（程俊峰等，2006）。物种对某地区气候条件的适合程度用生态气候指数表示，EI 的取值范围为 0~100，其值大小反映了适合度的大小，EI 值接近于 0，表明该地区不适合物种长期生存；EI 值接近于 100，表明该地区的环境条件接近于理想（Sutherst et al.，2004）。本节在利用 DYMEX 预测麦红吸浆虫在中国的潜在分布时发现，大部分麦红吸浆虫严重发生地 EI 值均在 10 左右；与麦红吸浆虫原产地气候相似的地区 EI 值在 5 左右。因此，本节根据已知发生地的麦红吸浆虫的为害程度，将其潜在分布适生程度分为 4 级：EI = 0 为麦红吸浆虫的非适生区，0<EI≤5 为低度适生区，5<EI≤10 为中度适生区，EI>10 为高度适生区。根据确定的 DYMEX 参数值分析得到麦红吸浆虫在中国的适生 EI 值，用预设的 4 个 EI 适生等级标准，划分麦红吸浆虫在中国的适生程度，再利用 ArcGIS 空间分析中的反距离加权法对已确定的生态气候指数值进行插值替换，得到麦红吸浆虫在中国的潜在地理分布图。

E. 气候变化对麦红吸浆虫适生范围的影响

采用 DYMEX 参数值，通过 DYMEX 软件中温度和降水处理（在原来温度和降水参数的基础上，最高、最低温度均升高 3℃；降水变化表现为冬季减少 20%，夏季增加 20%），模拟出温度升高 3 ℃后麦红吸浆虫在中国的潜在分布范围，采用 ArcGIS 进行插值分析，得出气候变化下（升高 3℃）麦红吸浆虫在中国的未来分布格局图，并与麦红吸浆虫在中国的适生区分布图进行比对，分析气温升高对麦红吸浆虫适生范围的影响程度，并由 ArcGIS 气象数据资料和 DYMEX 地点经纬度体系综合计算，得出麦红吸浆虫分布区北移的纬度和升高的海拔高度。

2）预测结果

A. 麦红吸浆虫的 DYMEX 相关参数值

根据麦红吸浆虫生物学资料，初步设定 DYMEX 分析所需要的各项参数，通过

DYMEX 反复模拟调试出麦红吸浆虫的气候适应性参数值（表 4-1），模拟预测主要使用22 个参数，这些参数客观地反映了麦红吸浆虫对气候条件的需求特征和对气候逆境条件的忍耐程度。

表 4-1　预测麦红吸浆虫在我国潜在适生区的 DYMEX 相关参数

参数名称	参数值	参数名称	参数值
发育起点温度（DV0）	10	滞育终止的气温（DPT1）	10
适宜气温下限（DV1）	20	滞育所需的天数（DPD）	90
适宜气温上限（DV2）	25	夏季或冬季滞育（DPSW）	0
限制性高温（DV3）	30	冷胁迫开始积累阈值（TTCS）	6
有效积温（PDD）	216	冷胁迫积累速度（THCS）	−0.00008
限制性最低湿度（SM0）	0.1	热胁迫开始累积阈值（TTHS）	35
适宜湿度下限（SM1）	0.6	热胁迫累积速度（THHS）	0.0006
适宜湿度上限（SM2）	1.0	干胁迫开始累积阈值（SMDS）	0.1
限制性最高湿度（SM3）	1.5	干胁迫累积速度（HDS）	−0.005
诱发滞育的日照时数（DPD0）	11	湿胁迫开始累积阈值（SMWS）	1.1
诱发滞育的温度（DPT0）	25	湿胁迫累积速度（HMS）	0.03

B. 麦红吸浆虫在我国的潜在分布范围与适生程度

将麦红吸浆虫潜在分布的生态气候指数值 EI 插值分析表明,除西北和华南的部分地区外的我国广大地区均为麦红吸浆虫的潜在地理分布区（表 4-2）。其中，高度适生区主要分布在河南全部、陕西大部地区，甘肃东部的天水、平凉、庆阳，宁夏的固原，山西南部的临汾、运城、晋城、长治，山东的菏泽、枣庄、烟台，江苏的徐州，安徽的蚌埠、宿州、淮北，河北的邯郸，以及川藏交接处巴塘地区。中度适生区主要分布在黄河流域和华北地区，例如，山东大部，内蒙古的巴彦淖尔、乌海，宁夏的石嘴山、银川、吴忠、中卫，甘肃的兰州、武威，山西的榆林、延安、安康，湖北的荆门、襄樊、随州，安徽的阜阳、淮南，江苏的徐州、宿迁、连云港、淮安，河北的衡水、石家庄，山西的太原、忻州、大同、朔州，辽宁的鞍山、大连、营口、锦州。低度适生区主要分布在东北三省、内蒙古，四川和云南的大部分地区，以及重庆的云阳县、城口县、奉节县、巫山县，湖北的武汉、荆州、黄冈、咸宁，安徽的合肥、安庆、黄山、宣城，江苏的南京、扬州、常州、苏州、南通，湖南的长沙、益阳、常德、岳阳，江西的南昌、九江，浙江的杭州、绍兴、金华。麦红吸浆虫的非适生区主要包括两大部分：一是长江流域以南地区除云南省外的广大地区；二是西部的新疆、西藏的大部分地区，如甘肃的酒泉、玉门、敦煌，青海的格尔木、玉树，以及黑龙江的漠河等地区。

表 4-2　麦红吸浆虫在我国的潜在分布区

分布	适生等级 EI			
	EI=0	0<EI≤5	5<EI≤10	EI>10
适生地区	广东、广西、福建、海南、台湾等全部地区，新疆、西藏、贵州、湖南、江西、海南、重庆等大部地区。如：爱辉、漠河、北海、北京、多色、郴县、恩施、福州、赣州、桂林、贵阳、海拉尔、呼伦贝尔、格尔木、衡阳、香港、和田、喀什、昆明、库车、陇州、南宁、宜宾、宜昌、榆林、玉门、玉树等	包头（4）、长春（3）、常德（2）、长沙（2）、益阳（2）、常德（3）、岳阳（3）、南京（2）、扬州（3）、常州（2）、苏州（2）、南通（2）、合肥（2）、安庆（2）、黄山（3）、宜城（3）、武汉（4）、荆州（3）、黄冈（3）、咸宁（3）、成都（1）、杭州（2）、绍兴（2）、金华（2）、南昌（3）、九江（3）、哈尔滨（3）、呼和浩特（5）、佳木斯（2）、拉萨（4）、林西（3）、牡丹江（2）、齐齐哈尔（3）、上海（2）、沈阳（4）、天津（5）、西宁（2）、延吉（5）、伊宁（2）等	济南（6）、泰安（7）、淄博（6）、东营（6）、潍坊（7）、日照（7）、兰州（7）、武威（7）、蒙自（6）、青岛（6）、银川（6）、营口（6）、陇南（8）、吕梁（8）、晋中（8）、中卫（10）、吴忠（8）、石嘴山（7）、银川（9）、榆林（9）、延安（9）、安康（10）、巴彦淖尔（7）、乌海（7）、鄂尔多斯（7）、荆门（10）、襄樊（9）、随州（9）、阜阳（10）、淮南（9）、宿迁（8）、连云港（6）、淮安（8）、衡水（10）、石家庄（9）、太原（9）、大同（6）、鞍山（6）、大连（7）、营口（7）、锦州（7）等	巴塘（16）、蚌埠（14）、宿州（12）、淮北（15）、邯郸（13）、徐州（12）、菏泽（13）、枣庄（13）、烟台（14）、临汾（13）、运城（12）、晋城（12）、长治（12）、固原（13）、天水（19）、平凉（14）、庆阳（13）、开封（11）、南阳（12）、西安（15）、信阳（12）、郑州（12）、安阳（12）、新乡（13）、三门峡（11）等

C. 气温升高对麦红吸浆虫分布范围的影响

模拟 21 世纪末全球气温升高 3℃，通过 DYMEX 软件中温度和降水的处理（在原来温度和降水参数的基础上，最高、最低温度均升高 3℃；降水变化表现为冬季减少 20%，夏季增加 20%），预测麦红吸浆虫在我国的潜在适生区。预测表明，受气温升高的影响，新疆的麦红吸浆虫适生区扩散幅度最为明显，由点及面遍布整个北疆地区，由非适生区转变为低度适生区。

麦红吸浆虫的中度适生区范围进一步扩大，由包头、呼和浩特、大同、保定、沧州、唐山、秦皇岛、锦州、鞍山、丹东一线北移至霍林郭勒市、通榆、通辽、四平、辽源、和龙、龙井市一线，呈现向北转移的趋势，纬度约平均北移 3.3°～4.1°；其中，麦红吸浆虫的中度适生区还呈现由东向西扩散的趋势，自金昌市、武威、海东地区、玛曲县一线西移至张掖、乌兰县、兴海县、甘德县一线，呈现向高海拔迁移的趋势，经度平均变化范围在 1.9°～2.2° 之间，海拔平均升高约 500～700m。

麦红吸浆虫的高度适生区变化幅度很大，由陇南、定西、固原、延安、临汾、邯郸、济宁一线北移至西宁、武威、石嘴山、榆林、朔州、保定、天津一线，纬度约平均北移

2.2°～3.6°。其中，麦红吸浆虫的高度适生区也从天水、固原一线，由东向西转移至西宁、武威一线，经度平均变化约 2.8°，海拔约平均升高 600～800m。另外，巴塘地区向西移至拉萨地区，辽宁的沈阳、营口等地区也从中度适生区转变为高度适生区。

3）讨论

本节研究预测表明，气候变暖条件下麦红吸浆虫的分布区域整体呈现出向北和向西扩散的趋势，即向高纬度和高海拔扩张。该预测也符合气候变暖对害虫影响的理论推测。由于我国北方小麦播种面积大，黄淮小麦主产区的范围较集中，东北春小麦的分布也相对较广，这基本上就构成了麦红吸浆虫在黄淮麦区及东北麦区的潜在为害。

根据 2012 年全国农技推广中心对麦红吸浆虫发生趋势的预测，主要集中在华北、华中地区的北京、天津、河北、山西、陕西、甘肃、宁夏、河南、湖北、安徽、山东等省份。本节研究所预测的麦红吸浆虫的潜在分布区主要是在北纬 30°～39°的广大地区，其与现实分布图相吻合，高、中、低度发生区的面积都较现实分布区域要大，重发区呈环状扩散，涵盖了河南全部、陕西大部和山西、宁夏、甘肃的部分地区，发生态势有向北和向西的扩大趋势；中发区和低发区也有向北迁移的危害潜力存在。

冬季低温很可能是我国东北春小麦区麦红吸浆虫发生的主要控制因素，气候变暖促使温度升高，高纬度地区的对麦红吸浆虫的限制性低温也会随之增加，这均有利于麦红吸浆虫向北部转移。水多湿度大为麦红吸浆虫的发生提供了条件，而冬季的湿度小则能够促进麦红吸浆虫的化蛹和越冬（仵均祥等，2004）。气候变暖促使夏季降水增多和冬季降水减少，麦红吸浆虫成虫出现于 4 月下旬，而夏季的温湿度增高，则成为其集中为害的条件。

麦红吸浆虫也可以随气流扩散，其成虫羽化期与华北产区的小麦抽穗时间一致，大约在每年 4 月中旬至 5 月下旬，此时在我国主要盛行西南季风，因此麦红吸浆虫种群会随气流向东北方向扩散（苗进等，2011）。气象因素对麦红吸浆虫在黄淮麦区、东北麦区的扩散发展都构成一定影响，其中山西、河北、山东及辽宁都受到麦红吸浆虫的严重为害，这些都与气象因素有着紧密的联系。东北春麦区的麦红吸浆虫为害加重主要体现在辽宁省，由于麦红吸浆虫的羽化期与春小麦的抽穗期吻合程度低，再加上地理位置的相关原因，黑龙江和吉林两省的变化幅度不是很大。但是，随着气候变暖的加剧，害虫发育历期缩短等现象的产生，都极可能左右麦红吸浆虫的潜在为害。

陕西、甘肃、宁夏等省份由于常常出现连年春旱少雨，土壤含水量不足，麦红吸浆虫滞留于土中，逐年累积为以后大发生埋下隐患，而由于气候变暖的影响，西北地区春夏季雨量增多，导致麦红吸浆虫的土中滞育虫体大量化蛹，对整个西北地区的为害趋势增强，扩张范围明显。新疆地区的麦红吸浆虫为害程度并不及华北地区严重，其中北疆的很多地区都演变为低度适生区，由于新疆地区的深度干旱确实造成麦红吸浆虫的大范围入土死亡，虫源基数减少，但是随着新疆近几年灌溉条件的改善，灌溉面积不断增大

（杜晓梅等，2008）；新疆小麦滴灌技术的发展与应用，促使小麦的种植面积扩大，这些都为麦红吸浆虫的为害创造了条件（王冀川等，2011）。气候变暖条件下，华北、黄淮地区的麦红吸浆虫发生范围都有扩大趋势，特别是陕西关中地区、河南的大部地区偏重发生，原因可能在于：近几年华北、黄淮的大部分地区发生冬春气象连旱的可能性大，冬前害虫基数也较上年或常年高，虽然小麦长势好，但抗性普遍较差。

根据生物气候模拟预测出的气候变化条件下生物分布范围的扩张，通常仅代表了理想状况下，各个影响因子均趋于适宜，通过相关参数的确定及输入，运行软件所预测出的结果，而实际发生的变化常常小于预测。究其原因，除了气候因素外，生物因素也是影响地理分布的关键点，如昆虫难以适应新环境的寄主植物，而减缓了自身对气候变化的反应（Pelini et al.，2010）；气候与生物因素共同作用影响山地植食性昆虫的海拔分布（Merrill et al.，2008）。因此，在运用该类预测结果时需参照其他因素（宋红敏等，2004；Lawson et al.，2010）。

2. 黏虫

2012 年黏虫在华北、东北等玉米主产区暴发，发生范围广、面积大、重发区域多，是 2001 年以来最严重的一年。本小节首先采用基于生物-气候包络模型的 DYMEX 软件、结合 ArcGIS，对黏虫在中国的潜在地理分布进行预测；然后采用有效积温发生世代数预测方法对黏虫的发生世代数进行预测。

1）材料与方法

黏虫的生物学参数：黏虫具有迁飞性、杂食性、暴食性，对农业造成的损失极为严重，是一种重要的农业害虫。在华南地区，即广东、福建，黏虫每年可发生 6～8 代，即终年繁殖。在湖南、江西、浙江等长江流域地区可发生 5～6 代，华北中南部每年发生 3～4 代，东北、内蒙古等地区每年发生 2～3 代。虽然黏虫在各地均可发生数代，但一般情况只有某一代可造成灾害。例如，2012 年夏季在我国东北及华北地区大暴发的黏虫为三代黏虫。根据黏虫的发生情况将我国划分为三个气候带：冬季繁殖气候带（18°～27°N），越冬气候带（27°～33°N）和迁入气候带（33°N 以北）。迁入气候区又可分为春季、初夏、盛夏迁入区。将 33°N 确定为黏虫越冬分界线（李淑华，1983）。

回归直线法计算黏虫全世代的发育起点温度为 8.7±0.8℃，有效积温为 696.0℃（乌祥光，1964）。黏虫卵孵化的最适温度为 25.6℃，幼虫存活的最适温度为 23.2℃，成虫繁殖的最适温度为 22.5℃。整个种群增长的最适温度为 22～28℃。在高于 32.9℃或低于 12.3℃时，种群的数量变动呈下降趋势（李秀珍，1992）。黏虫多发生在植被覆盖度较大和地势相对低洼的高湿地区，可见其生长发育均需较高的湿度。成虫飞行的适宜相对湿度为 55%～75%（江幸福，2003），化蛹的适宜相对湿度为 80%～100%（金翠霞等，1965）；

卵期相对湿度为 90%～100% 时，其成活率显著提高（金翠霞等，1965）。

2）软件工具

黏虫参数值的确定：查找文献、书籍和资料，初步确定黏虫的发育起点温度、适宜温度和湿度范围、限制种群增长的温度和湿度范围、有效积温等参数。在 EPPO 上查找黏虫在世界的分布范围：在亚洲地区均有分布，在马来西亚、孟加拉国广泛分布，在老挝、俄罗斯少量分布，选定这几个地区为调试地区，调试四种胁迫开始累积的起始值和累积速率，使黏虫的分布与 EPPO 相吻合，最终确定黏虫适生性分析的 Dymex simulator 参数体系。

黏虫在中国的适生范围和适生程度：在 DAMEX simulator 中用有效积温计算出黏虫每年可能发生的世代数，之后结合发育起点温度、适宜温度和湿度、限制温度和湿度参数计算出黏虫的种群增长指数。最后结合四项胁迫指数，计算出黏虫的生态气候指数值。生态气候指数体现了黏虫在某一气候地区生存的适宜程度，其取值范围为 0～100，0 表示该物种不可能在该地区生存，100 表示该地区一年的气候条件均是该物种生存的理想条件。由于黏虫具有迁飞性，即每年由南向北和由北向南迁飞两次，始终在适宜气候条件地区生存。本节实验在利用 DYMEX simulator 预测黏虫的潜在分布时，根据黏虫的实际发生情况，将其潜在分布程度划分为 4 个 EI、GI 和发生世代数等级。之后将这三个参数数值输入 ArcGIS 的 Arc map，进行反距离加权差值替换，最终得到地理分布图。

温度升高对黏虫适生范围的影响：在气候变化模块中选择温度变化处理，即将所有地区的最高/最低温度都调升 3℃，夏季降水量增加 20%，冬季降水量减少 20%，模拟温度上升后黏虫的潜在生存状况，并继续用 ArcGIS 作图，分析气温上升对黏虫的影响。

3）结果与分析

黏虫的相关参数值：根据黏虫的生物学资料和分布范围，确定了 DYMEX simulator 所需要的 17 个参数（表 4-3），这些参数客观地反映了黏虫对气候条件的基本需求和对不适宜条件的耐受程度。DYMEX simulator 使用这些参数可模拟计算出黏虫的 GI 值、EI 值和发生世代数。

表 4-3　预测黏虫在我国潜在适生区的相关参数

参数名称	参数值	参数名称	参数值
发育起点温度（DV0）	8.7	冷胁迫开始积累阈值（TTCS）	8.7
适宜气温下限（DV1）	20	冷胁迫积累速率（THCS）	−0.0008
适宜气温上限（DV2）	28	热胁迫开始积累阈值（TTHS）	32.9
限制性高温（DV3）	32.9	热胁迫累积速率（THHS）	0.0001
有效积温（PDD）	696	干胁迫开始积累阈值（SMWS）	0.45

续表

参数名称	参数值	参数名称	参数值
限制性最低湿度（SM0）	0.45	干胁迫累积速率（HMS）	0.005
适宜湿度下限（SM1）	0.55	湿胁迫开始累积阈值（SMWS）	2
适宜湿度上限（SM2）	1.5	湿胁迫累积速率（HMS）	0.009
限制性最高湿度（SM3）	2		

黏虫在我国各地的潜在分布范围与适生程度：黏虫是迁飞性害虫，即一年四季均迁飞到气候适宜的地方生存和繁殖。此时，种群增长指数（GI）可以反映黏虫在我国各地的潜在分布，其 GI 值越大，并不代表所在的种群丰度大，而是表示可生长的时间长。

气温升高对黏虫适生范围的影响：模拟气温升高 3℃，通过 DYMEX simulator 软件中对降水和温度变化的处理，预测黏虫在我国的潜在适生区。从预测结果可知，100°～105°E 的低度适生区向北扩张，内蒙古东北地区的低度适生区向东扩张到东北三省。东北和山东的中度适生区向东偏移，广西、广东、江西南部和海南由原来的高度适生区转变为中度适生区。整体来说非适生区略有扩大，低度适生区大面积增加。

黏虫终年存在区域的适生程度：前面提及种群增长指数 GI>25 的区域可能为黏虫终年可生长繁殖的区域，即该区域的黏虫可能不是因为迁入造成的。将种群增长指数结合冷、热、干、湿四种胁迫指数得到生态气候指数 EI，黏虫的气候生态指数可表现出黏虫在各地全年的分布情况。用 ArcGIS 作图，将 EI 值划分为四个等级。EI<10 为冬季不可存活区域，该区域大约以 33°N 为界限。EI>10 为终年可存活区域。其中，云南大部、四川纵向中部、陕西最南部、湖北大部、安徽、江苏南部为冬季黏虫低度适生区。云南东南部、贵州大部、四川东南部、重庆东部、湖北西南部、湖南大部、江西南部、浙江中部为冬季黏虫的中度适生区域。广西大部、广东沿海大部、福建、海南、台湾、浙江最南部为冬季黏虫的高度适生区域，另一个冬季高度适生区域是以宜宾、重庆为焦点的椭圆形区域。这两个区域也是黏虫繁殖世代最多的一片区域，黏虫在此可以终年繁殖发育。

气温升高对黏虫终年发生适生区域的影响：DYMEX simulator 模拟气温升高 3℃并用 ArcGIS 作图。黏虫的冬季适生区域向北扩展了大约 1 个纬度。四川重庆范围内冬季高度适生区扩大，而原广西、广东、海南的高度适生区转变为中度适生区，浙江的冬季高度适生区略有扩大，江苏、安徽的冬季中度适生区在原有区域的基础上向东南方向扩张大约 1 个纬度。

4）讨论

黏虫喜好潮湿温暖的环境而怕高温干旱的气候，无论是卵期、蛹期，还是成虫飞行，均需要较高的湿度。这是当温度升高时，黏虫的扩散趋势是由东南方向向西北方向的可能原因之一。但雨量过多，特别是每逢连续大暴雨后，黏虫的数量又显著降低。气温升高 3℃后，夏季雨量也随机增加 20%，空气湿度过大，不适宜黏虫的生存，这就可能造成广东、广西、海南等原有的高度适生区变为中度适生区。由于温度升高后黏虫的高度适生区北移，所以很可能造成其迁飞路径的改变，即由原来的春季由南向北变为从福建浙江一带先向南，再由南向北。此时的高度适生区如遇到利于迁入不利于迁出的气流等气象因素极有可能黏虫大暴发。

本实验将黏虫终年生存区域划分为三个等级，和李淑华（1983）根据黏虫发生将我国划分的三个气候带大约一致。温度升高后，黏虫的终年可生存区域向北推进 1 个纬度，这个区域，是黏虫越冬的区域，冬季此处的黏虫生长发育都较慢，不会对该区域造成过大的影响，但其北部附近地区的黏虫暴发时期可能会提前，应注意加强防范。

引起迁飞性昆虫大暴发的原因很多，其机制也较复杂，而且黏虫迁飞到地区由于种种原因，并不一定引起大的暴发。金翠霞等（1979）归纳黏虫发生数量与降水量呈线性相关，东北地区二代黏虫的发生与北太平洋海温明显相关（赵圣菊，1987），雷暴、降水、冷锋、暖锋、气旋中心也均可影响迁飞黏虫的降落（林昌善，1963），2012 年在东北大暴发的黏虫就是由于降水和下沉气流有利于迁入而偏西气流又阻碍黏虫的正常迁出而引起的（张云慧等，2012）。作物布局、成虫性比、风速风向、天敌、耕作植物、蜜源植物等也会影响黏虫的发生。20 世纪 70 年代，小麦玉米套种面积增大，二代黏虫的发生加剧，末期降低了小麦种植面积，一代黏虫发生明显减轻。因为软件预测仅仅考虑温度、湿度、降水等少数因子，故需谨慎对待其预测结果。

4.1.3 未来气候变化下黏虫发生世代数的预测

1. 预测方法

预测全球气候变暖背景下，温度升高对农业害虫的影响极其重要。根据 IPCC 评估报告中一定时期的升温值来预测农业害虫的发生代数，常常忽视了气候变暖的地域差异性，从而降低了预测结果的可信度。综合考虑海洋、大气、陆地和冰雪圈相互作用的气候模式已经成为研究当前的气候特征，了解气候的演变、预测气候未来变化不可替代的工具。世界气候研究计划（WCRP）为了推动气候模式的发展，相继组织实施了大气模式比较计划（AMIP）、海洋模式比较计划、陆面过程模式比较计划和耦合模式比较计划（CMIP）等，CMIP 经历了四个阶段的发展，为 IPCC 评估报告的发布提供了重要参考。

众多使用 CMIP 模式输出资料的研究者认为，采用集合预报的方法，综合更多的气候模式预测结果，可以有效提高耦合气候模式对未来气候变化预报的准确率和可信度。CMIP 发展到现在已经拥有了 62 个耦合气候模式的预测结果，每个模式的空间分辨率不同，加上预测情景的差异，实际研究过程中，研究者以验证历史气候为基础，通过比较分析，减少模式数量，以减少工作量，提高工作效率，如 IPCC 第五次评估报告就只引用了 10 个耦合气候模式的预测结果。因此，在预测农业害虫未来发生代数趋势时，可以通过检验趋势的显著性，来减少气候模式的数量，提高预测结果的可信度。具体做法如下。

第一步，选择耦合气候模式：根据耦合气候模式预测效果的相关情况，在 CMIP 网站（http://cmip-pcmdi.llnl.gov/cmip5/）选择预测效果较好的气候模式。

第二步，计算日平均温度：下载一定时期相应气候情景下不同模式对最高气温和最低气温的预测结果，计算相应格点上的日平均气温。

第三步，计算年有效积温：对相应格点上的日平均气温进行筛选，将大于等于农业害虫发育起点温度的日平均温度作为有效温度，筛除低于发育起点温度的日平均气温。根据有效积温计算方法，累积所有符合条件的有效温度，获得年有效积温。

第四步，计算农业害虫的年发生代数：将相应格点上的年有效积温除以农业害虫完成一代所需的有效积温，获得害虫的发生代数。

第五步，建立农业害虫发生代数与时间的一元线性回归方程：以 1980～1999 年为参照时期，获得发生代数的趋势。

第六步，计算农业害虫发生代数与时间之间的相关系数：确定农业害虫发生趋势的显著性。

第七步，确定未来气候变化情景下，一定时期农业害虫可能增加（或减少）的代数：综合 3 个耦合气候模式——CGC-M3.1（加拿大气候建模和分析中心）、CSIRO-MK3.5（澳大利亚国家科学和工业研究所）和 GFDL-CM2.1（美国国家海洋大气局地球物理流体动力学实验室）的预测结果，将显著性最强区域对应的世代数作为以下 3 个未来气候变化情景下害虫发生的可能代数。

A1B 情景假定，经济增长非常快，全球人口数量峰值出现在 21 世纪中叶，新的和更高效的技术被迅速引进，技术变化中注意各种能源之间的平衡。

A2 情景假定，人口快速增长、经济发展缓慢、技术进步缓慢。

B1 情景假定，全球人口数量与 A1B 情景相同，但经济结构向服务和信息经济方向更加迅速地调整。

2. 预测结果

1）在三种排放情景下，2046～2065 年间的发生世代数增加趋势

与 1980～1999 年参照期相比，在 2046～2065 年期间黏虫在中国发生区的繁殖代数基本呈现出略有增加的趋势，均不到 1 代。

在 A1B 排放情境下的世代数增加趋势：根据 CGC-M3.1 模式预测，世代数显著增

加 0.2~0.4 代的区域集中在我国新疆西部及青海西北部的部分地区；根据 CSIRO-MK3.5 模式预测，世代数显著增加的区域范围比较广泛，从东北到西北和华东、华南的局部地区，在南方地区增加的幅度比较大（0.4~0.8 代）；根据 GFDL-CM2.1 模式预测，世代数显著增加仅发生在很局部的区域，云南、四川、甘肃、新疆西北部和江苏的部分地区。

在 A2 排放情境下的世代数增加趋势：根据 CGC-M3.1 模式预测，世代数显著增加仅发生在青海和四川西部、新疆南部、西藏的北部很局部的区域，增加约 0.4~0.6 代；但根据 CSIRO-MK3.5 模式的预测，整个西北区域和江浙沪的部分区域发生的世代数将显著增加 0.1~0.4 代；而根据 GFDL-CM2.1 模式的预测，世代数显著增加 0.5~0.6 代仅发生在辽宁和吉林的部分区域，新疆北部、甘肃西部和内蒙古的西部部分区域世代数显著增加 0.2 代。

在 B1 排放情境下的世代数增加趋势：根据 CGC-M3.1 模式预测，世代数显著增加的区域集中在新疆北部和西部、青海中部和西藏的一些区域，平均将增加 0.1 代；根据 CSIRO-MK3.5 模式预测，世代数显著增加的区域范围在新疆南部和西藏东南部至四川西南部的部分区域，增加 0.1~0.2 代；根据 GFDL-CM2.1 模式预测，世代数显著增加仅发生在新疆北部和华北、长江中下游的区域，增加 0.4~0.6 代。

2）在三种排放情景下至 2046~2065 年间发生的平均世代数

在 A1B 排放情景下的世代数增加趋势：根据当前黏虫的年生活史发生规律，从高纬度开始按以下几个纬度区预测黏虫在 2046~2065 年的发生世代数：在 39°N 以北区域，黏虫发生世代数将从现在的 2~3 代增加至 3~4 代；在 36°~39°N 区域，将从现在的 3~4 代增加至 4~5 代；在 33°~36°N 区域，将从现在的 4~5 代增加至 5~6 代；在 27°~33°N 区域，仍然发生与现在相同的 5~6 代；在 27°N 以南区域，除个别偏南地区增至 8 代外，基本保持现在的 6~7 代。

在 A2 排放情境下的世代数增加趋势：预测结果与 A1B 排放情景下的近似。

在 B1 排放情境下的世代数增加趋势：预测结果与 A1B 排放情景下的近似。

4.2　未来气候变化对水稻病虫害发生的风险评估

4.2.1　对水稻主要病虫害发生性质的预测

1. 虫害

根据近 50 年我国气候变化的特征预测，我国东北升温明显、降水显著减少，气候呈暖干化趋势，土壤含水量显著减少，二化螟发生会加重；在长江中下游和华南地区气温存在上升趋势，降水量增加，土壤含水量增加，江南暴雨极端事件出现频率上升、强度增大，有利于稻纵卷叶螟、褐飞虱、白背飞虱的发生；华东北部气温上升降水减少，有利于灰飞虱和黑尾叶蝉的发生；在西南的四川盆地东北部和西南部的气温则存在明显的下降，春季和夏季变凉尤为突出，成都、贵阳变冷变干，会加重灰飞虱的发生趋势，而重庆和昆明变冷略湿，对稻瘿蚊、稻蓟马、二化螟、稻苞虫、稻纵卷叶螟的发生均有加重趋势。

2. 病害

以下作物病害对气候条件较敏感，气候变化下适宜气象条件可能导致病害猖獗发生：高温高湿条件下，水稻纹枯病、水稻白叶枯病、水稻胡麻叶斑病和水稻细菌性条斑病会猖獗发生；温暖高湿条件下稻瘟病猖獗；低温高湿条件有利于稻曲病、稻苗绵腐病和水稻立枯病猖獗发生；高温干旱条件有利于稻黄矮病和稻矮缩病猖獗发生。

4.2.2　根据历史调查资料对迁飞稻飞虱发生期的预测

中南半岛是迁飞性害虫稻飞虱的虫源地，该地区气候变化通过影响当地稻飞虱发生期和虫量而直接影响到迁飞入我国的稻飞虱发生情况。受气候变化的影响，中南半岛气温逐年上升。对我国广西壮族自治区龙州、合浦、邕宁、永福和全州等地灯诱稻飞虱出现时间及其数量分析结果表明，褐飞虱和白背飞虱出现的时间和数量呈现逐年提前和增大的趋势（图 4-2），相关性分析表明，稻飞虱在广西的始见期和数量与中南半岛气温存在显著相关性（表 4-4）。例如，对我国广西龙州地区 1977～2007 年褐飞虱发生期和发生量与虫源地中南半岛气温变化关系的分析结果表明：①始见期与中南半岛北部的冬季温度存在显著负相关[图 4-3（a）、（b）]；②上灯虫量与中南半岛中部的温度呈正相关[图 4-3（c）、（d）]。5 月份是我国华南稻区褐飞虱的主迁入期，是全国褐飞虱发生的虫源基础，中南半岛中部的冬季温度对我国褐飞虱的发生有直接相关关系，冬季温度越高，迁入虫量越大，将增加我国褐飞虱暴发的概率。

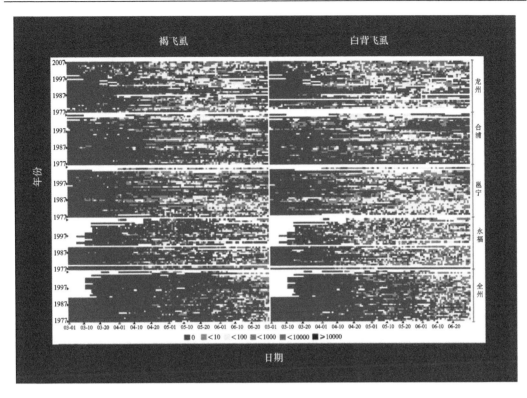

褐飞虱　　　　　　　　白背飞虱

■0　■<10　□<100　■<1000　■<10000　■>10000

日期

图 4-2　广西壮族自治区部分地区 1977～2007 年稻飞虱灯诱虫量动态

表 4-4　褐飞虱灯下始见期、灯诱虫量与中南半岛冬季温度的相关系数

发生期		中南半岛北部				中南半岛中部			
		12月	1月	2月	冬季	12月	1月	2月	冬季
始见期	r	−0.2926	−0.3187	−0.5165	−0.4473	−0.3287	−0.0223	−0.3019	−0.2739
	P	0.1558	0.1126	0.0069	0.025	0.1087	0.9139	0.1339	0.1852
	n	25	26	26	25	25	26	26	25
3～6月诱虫量	r	0.2666	0.3827	0.3324	0.4005	0.34706	0.4792	0.2384	0.5157
	P	0.1976	0.0531	0.0971	0.0473	0.0892	0.0098	0.2409	0.0083
	n	25	26	26	25	25	26	26	25
6月诱虫量	r	0.1645	−0.0891	−0.0273	0.0151	0.1943	−0.0422	0.0068	0.0645
	P	0.4321	0.6653	0.8948	0.9427	0.3519	0.838	0.9736	0.7594
	n	25	26	26	25	25	26	26	25
5月诱虫量	r	0.2258	0.3956	0.3384	0.3891	0.3299	0.5129	0.1874	0.4946
	P	0.2779	0.0454	0.0908	0.0545	0.1073	0.0074	0.3592	0.0120
	n	25	26	26	25	25	26	26	25

续表

发生期		中南半岛北部				中南半岛中部			
		12 月	1 月	2 月	冬季	12 月	1 月	2 月	冬季
3～4 月诱虫量	r	0.1593	0.2916	0.5709	0.3866	0.2312	0.1173	0.4092	0.2910
	P	0.447	0.1483	0.0023	0.0562	0.2661	0.5683	0.0379	0.1581
	n	25	26	26	25	25	26	26	25

注: r 为严重度; P 为频度; n 为探测度

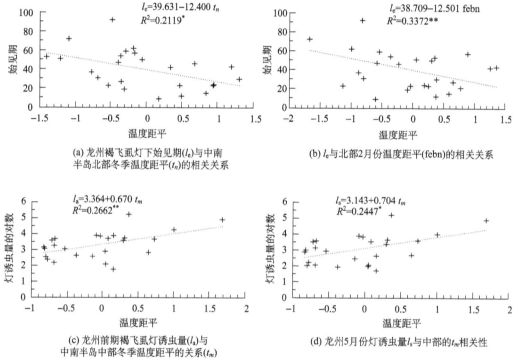

(a) 龙州褐飞虱灯下始见期(l_e)与中南半岛北部冬季温度距平(t_n)的相关关系

(b) l_e 与北部2月份温度距平(febn)的相关关系

(c) 龙州前期褐飞虱灯诱虫量(l_a)与中南半岛中部冬季温度距平的关系(t_m)

(d) 龙州5月份灯诱虫量 l_s 与中部的 t_m 相关性

图 4-3　广西龙州褐飞虱发生期、灯诱虫量与中南半岛温度的关系

4.2.3　对主要害虫发生世代数的预测

1. 预测方法

参照黏虫的预测方法。

2. 大螟

大螟是我国水稻上的重要害虫之一。预测结果表明，以 1980～1999 年为参照时期，在三种气候变化情景下，到 2065 年，大螟在中国华东、华中、华南和西南的水稻种植区的发生世代数都呈现出增加的趋势。以下分别从世代数增加趋势和发生的世代数两方面对预测结果做一概述。

1）大螟世代数增加趋势

在 3 个耦合气候模式下，大螟世代数增加最多达到 0.8 代，最少 0.3 代；其中华南的两广、西南地区的贵州、华东地区的江西和福建，以及华中的湖南等地，世代数将增加 0.5～0.8 代，总体上来说，2065 年大螟在主要水稻种植区的繁殖代数将增加 0.5 代以上。

在 A1B 情景下的世代数增加趋势：模式的预测效果不是很好，14 个省份仅有 8 个省份的预测结果通过了显著性检验，除了江苏、安徽的代数增加趋势大于 A1B 情景下的之外，其他省份的代数趋势均有所下降，大螟在大多数省份的繁殖代数将上升 0.3 代左右（表 4-5）。

表 4-5　2046～2065 年大螟的代数变化趋势

地理区域	省份	排放情景/代		
		A1B	A2	B1
华东地区	江苏	0.3	0.5	0.6
	安徽	0.3	0.4～0.5	0.4～0.6
	浙江	0.5～0.6	0.4	0.3～0.5
	江西	0.5～0.8		0.3
	福建	0.5～0.8	0.3	0.4
	台湾	0.4	0.3	0.4
华中地区	湖北	0.4～0.7		0.4～0.7
	湖南	0.5～0.8		0.5
西南地区	四川	0.3～0.4	0.1～0.3	0.3～0.6
	重庆	0.4～0.5		0.3～0.6
	云南	0.3～0.5	0.3～0.4	0.3～0.5
	贵州	0.5～0.8		0.4
华南地区	广西	0.5～0.8		0.2～0.4
	广东	0.5～0.8	0.3	0.4～0.5

在 A2 情景下的世代数增加趋势：A2 情景下，模式的预测效果不是很好，14 个省份仅有 8 个省份的预测结果通过了显著性检验，除了江苏、安徽的代数增加趋势大于 A1B 情景下的之外，其他省份的代数趋势均有所下降，大螟在大多数省份的繁殖代数将上升 0.3 代左右（表 4-5）。

在 B1 排放情景下的世代数增加趋势：大螟在大部分省份的代数增加趋势相对于 A1B 情景有所下降，而华东地区的江苏、安徽和浙江，华中地区和西南地区的四川和重庆，代数增加趋势变化不大（表 4-5）。

总之，在温室气体高排放情景下，如果气候异常增暖，大螟在大部分地区的发生代数最大可能会增加到 1 代；在其他两种排放情景下，增加代数低于 0.5 代（表 4-5）。使其为害时间延长，由此对水稻生产构成威胁。

2）大螟发生的平均世代数

在 A1B 排放情景下的世代数增加趋势：长江以南水稻种植区发生 4～5 代；华南稻区发生 6～8 代。

在 A2 和 B1 排放情景下的世代数增加趋势：长江以南和华南水稻种植区的发生世代数与 A1B 排放情景下的预测近似。

3. 二化螟

1）二化螟世代数增加趋势

采用三个耦合气候模式对二化螟的预测结果表明，除了 A1B 情景下对河南的世代数预测没有通过显著性检验，其他所有地区在三个情景下的预测结果均通过了显著性检验。未来气候变化情景下，2065 年二化螟的代数最多增加 0.6～0.7 代，最少增加 0.1 代。

A1B 情景下，二化螟代数增加最明显的区域主要出现在华中、华东地区南部和华南。华中地区的湖南，在 2065 年二化螟的代数将增加 0.5～0.7 代，华东地区的浙江、江西和福建将增加 0.4～0.6 代，华南地区将增加 0.4～0.7 代；东北、西北和西南地区各省的西部，二化螟的代数增加最少，主要在 0.1～0.3 代之间，西南地区各省的东部在 0.4 代左右（表 4-6）。

表 4-6　2046～2065 年二化螟的代数变化趋势

地理区域	省份	排放情景/代		
		A1B	A2	B1
东北地区	辽宁	0.2	0.4	0.2～0.4
西北地区	陕西	0.2	0.4	0.4～0.6
华中地区	河南		0.4	0.5
	湖北	0.2～0.5	0.4	0.4～0.5
	湖南	0.5～0.7	0.3～0.5	0.4

续表

地理区域	省份	排放情景/代		
		A1B	A2	B1
华东地区	江苏	0.2～0.3	0.4	0.5
	安徽	0.2～0.3	0.4	0.3～0.5
	浙江	0.4～0.5	0.5	0.3～0.4
	江西	0.4～0.6	0.2～0.4	0.3
	福建	0.4～0.5	0.2～0.4	0.3
西南地区	四川	0.1～0.3	0.1～0.4	0.2～0.4
	重庆	0.3～0.4	0.4～0.5	0.3～0.5
	云南	0.2～0.4	0.1～0.3	0.2～0.4
	贵州	0.3～0.6	0.5	0.2～0.3
华南地区	广西	0.4～0.7	0.2～0.4	0.2～0.4
	广东	0.4～0.6	0.3	0.4
	海南	0.4	0.3	0.3

A2 情景下，二化螟的代数增加趋势为 0.1～0.5 代，代数趋势达到 0.5 代的省份较 A1B 情景下的有所减少。尽管温室气体排放下降，全球平均升温趋势下降，而各区域的表现并不同，部分地区可能出现升温趋势增加的情况。因此，二化螟在东北、西北、华东地区的江苏和安徽及西南地区的重庆的代数趋势高于 A1B 情景，尤其在西北和东北地区表现明显。

B1 情景下，二化螟将增加 0.2～0.6 代，大部分省份的代数最多增加 0.4～0.5 代。相对前两种情景，低排放情景下的代数趋势有所下降，且在西南和华南的代数趋势下降明显，西北地区的陕西、华东地区的江苏和安徽在此情境下却出现了代数趋势明显增加的现象，是三种情景下代数趋势最大的。

对比不同情景下二化螟在各地的代数趋势表明，气候变暖在不同区域的表现不同，无论未来的气候变暖趋势如何，二化螟总会在部分区域出现可能暴发成灾的可能。

2）二化螟发生的平均世代数

在 A1B 排放情景下的世代数增加趋势：长江以南水稻种植区发生 4～5 代；华南稻区发生 5～6 代；东北中部发生 1.5～2 代。

在 A2 和 B1 排放情景下的世代数增加趋势：长江以南和华南水稻种植区的发生世代数与 A1B 排放情景下的预测结果近似。

4. 三化螟

1）三化螟世代数增加趋势

未来气候变暖情景下，除了 A1B 情景下，西北地区的陕西三化螟的发生代数减少 0.1～0.2 代，到 2065 年三化螟在各地的繁殖代数将比 1980～1999 年增加 0.1～0.7 代。

A1B 情景下，到 2065 年，三化螟在华中、华东地区的南部、华南地区的繁殖代数增加明显，为 0.4～0.6 代，其他地区为 0.3 代左右（表 4-7）。

表 4-7　2046～2065 年三化螟的代数变化趋势

地理区域	省份	排放情景/代		
		A1B	A2	B1
西北地区	陕西	−0.2～−0.1	0.2～0.3	0.3～0.5
华中地区	河南			0.5
	湖北	0.3～0.5		0.4～0.5
	湖南	0.4～0.7		0.3
华东地区	江苏	0.2～0.3	0.4	0.3～0.4
	安徽	0.2～0.3	0.2～0.4	0.2～0.5
	浙江	0.3～0.4	0.3～0.4	
	江西	0.4～0.6		
	福建	0.4	0.2～0.3	0.3
西南地区	四川	0.1～0.4	0.1～0.2	0.1～0.4
	重庆	0.3～0.4		0.2～0.4
	云南	0.1～0.4	0.1～0.3	0.2～0.3
	贵州	0.2～0.5		
华南地区	广西	0.5～0.6	0.3～0.4	0.3
	广东	0.5～0.6	0.3～0.4	0.3

A2 情景下，模式预测结果通过检验的 9 个省份中，未来代数的增加趋势为 0.1～0.4代，代数增加趋势最强的地区位于华南和华东的北部，最多将增加 0.4 代。代数增加趋势最弱的区域位于西南地区。

B1 情景下，三化螟的代数趋势为 0.1～0.5 代。西北地区的代数趋势是三种气候情景下上升最明显的，达到 0.3～0.5 代；西南地区的代数变化不明显，仍然为 0.1～0.4 代；华南地区呈现下降的趋势，为 0.3 代；华东地区在个别区域的代数增加最大值有所增加，如在江苏和安徽，三化螟发生代数最多地方为 0.4～0.5 代，均高于 A1B 情景下的繁殖最多代数。

通过比较不同情景下三化螟在各地的未来代数增加趋势表明，如果以 0.5 代以上作为气候异常可能造成完成一代而发生为害的标准，那么，在温室气体高排放情景下，华东、华中和华南是未来三化螟暴发为害的重灾区，而在低排放情景下，西北地区和华中地区可能成为三化螟发生为害的重要区域。

2）三化螟发生的平均世代数

在三种气候情景下，CGC-M3.1 和 GFDL-CM2.1 模式的代数预测结果均低于 CSIRO-3.5 的预测。如果以三化螟在各地的年发生最多世代数作为该害虫在当地发生的世代数，CSIRO-3.5 的预测结果相对比较符合实际，以华东地区的安徽为例，当前三化螟的年发生世代数为 3 代，在个别高温年份其年发生世代数可以达到 4 代。到 2046 年，其代数趋势的预测结果分别为：A1B 情景下增加 0.2～0.3 代，A2 情景下增加 0.2～0.4 代，B1 情景下增加 0.2～0.5 代，而 CSIRO-3.5 对三种情景的预测结果均为 3～3.5 代，其预测结果既符合当前三化螟在当地的发生代数，也符合未来气候趋势的预测结果。

因此，受到气候变暖的影响，三个耦合气候模式对未来气候变化情景下 2046～2065 年三化螟年平均发生世代的预测得到以下结果。

在 A1B 情景下的平均世代数：至 2046～2065 年三化螟在西北地区的陕西其平均发生代数为 2～2.5 代，华中地区为 3～4 代，华东地区为 3～5 代，西南地区为 2～4 代，华南地区为 5.5 代。

在 A2 情景下的平均世代数：至 2046～2065 年三化螟在西北地区的陕西、华中、华东和华南地区的年平均发生代数与 A1B 相同，西南地区为 2～4.5 代。

在 B1 情景下的平均世代数：至 2046～2065 年三化螟在西北地区的陕西其平均发生代数为 1.5～2 代，华中地区为 3.5～4 代，华东地区为 3～4.5 代，西南地区为 3～4 代，华南地区与 A1B 和 A2 的情景相似。

总之，预测结果表明：三化螟在各区域的年发生世代数均呈现增加趋势，年总发生世代数自北向南增加。

5. 稻苞虫

1）稻苞虫世代数增加趋势

三种不同的气候情景下，各地稻苞虫在 2065 年的繁殖代数均表现为增加的态势，其中代数增加最多可达 0.9 代，最少 0.1 代；且随着气候情景的变化，代数增加最明显的地方也随着发生变化。

A1B 情景下世代数增加趋势：稻苞虫在中国 6 个地理区域可能增加 0.1～0.8 代，其中南部增加的代数高于北部，东部多于西部。东北地区和西北地区将增加 0.1～0.3 代，华东南部增加 0.4～0.8 代、北部增加 0.3～0.5 代，华中地区将增加 0.4～0.8 代，华南也增加 0.4～0.8 代；西南地区除了贵州可能增加 0.5～0.7 代外，四川、重庆和云南的增加代数在 0.4 代左右（表 4-8）。

表 4-8　2046～2065 年稻苞虫的代数变化趋势

地理区域	省份	排放情景/代		
		A1B	A2	B1
东北地区	黑龙江	0.3～0.4	0.4	
	吉林	0.3	0.3～0.5	
	辽宁	0.3	0.3～0.6	0.4～0.6
西北地区	陕西	0.2	0.3	0.7～0.9
	宁夏	0.1	0.3	0.3～0.6
	甘肃	0.1	0.2～0.4	0.2～0.6
华东地区	山东		0.4～0.6	0.9
	江苏	0.3	0.5	0.7～0.9
	安徽	0.3	0.4～0.5	0.5～0.9
	浙江	0.3～0.5	0.4～0.5	0.4～0.6
	江西	0.5～0.8		
	福建	0.5～0.6	0.3	0.5
	台湾	0.4	0.3	0.4
华中地区	湖北	0.4～0.7		0.5～0.9
	湖南	0.5～0.8		0.7
西南地区	四川	0.2～0.4	0.1～0.3	0.1～0.8
	重庆	0.4～0.5		0.4～0.7
	云南	0.3～0.5	0.3～0.4	0.4～0.6
	贵州	0.5～0.7		
华南地区	广西	0.5～0.8		0.5
	广东	0.4～0.8	0.3	0.6～0.7

A2 情景下世代数增加趋势：我国有 6 个省份的预测结果未能通过显著性检验，就现存的 15 个省份来看，稻苞虫的代数增加趋势有所下降，其代数最多增加 0.6 代，并且主要发生在华东地区的北部和东北地区，其他区域的增加代数普遍在 0.3 代左右。

B1 情景下世代数增加趋势：稻苞虫在各地的繁殖代数均有不同程度的上升，6 个地理区域的繁殖代数最多增加 0.9 代，最少增加 0.1 代，且各地代数增加的最大值多集中在 0.6～0.9 代。从地域来看，西北地区的陕西、华东地区北部的山东、江苏和安徽以及华中地区都是未来稻苞虫代数增加最为明显的区域。

2）三化螟发生的平均世代数

以稻苞虫目前在各地的年发生世代数为基础，参考未来气候变化情景下其在各地的发生趋势，三种气候情景下，以稻苞虫在各地的年发生最多世代数作为该害虫在当地发生的世代数，GFDL-CM2.1 模式的代数预测结果相对比较符合实际，CGC-M3.1 和

CSIRO-3.5 的预测结果偏高。三个耦合气候模式对未来气候变化情景下 2046～2065 年三化螟年平均发生世代的预测结果如下。

在 A1B 情景下发生的世代数：2046～2065 年稻苞虫的年平均发生世代数在东北地区为 1.5～3 代，西北地区为 3～4 代，华东地区为 4.5～6 代，华中地区为 4～6 代，西南地区为 5～7 代，华南地区为 6～10 代。

在 A2 情景下发生的世代数：东北地区为 2～3 代，西北地区为 3～4 代，华东地区为 4.5～6 代，在福建和台湾最多可发生 8 代和 10 代，华中地区为 4～6.5 代，西南地区为 4～7 代，华南地区为 9 代。

在 B1 情景下发生的世代数：东北、华东、华南地区发生代数与 A2 情景相似，西北地区为 2.5～4 代，华中地区为 5～6.5 代，西南地区为 3.5～7 代。

4.3　气候变化对玉米病虫害发生的影响预测

4.3.1　对玉米主要病虫害发生性质的预测

1. 虫害

根据 1960～2010 年气候变化的特征预测，东北升温明显、降水显著减少，气候呈暖干化趋势，土壤含水量显著减少，这些条件有利于玉米蚜的发生；东北北部和内蒙古大部地区升温、降水量有一定程度增加，西北大部分地区年均气温也升高，干旱区降水量增加，这些条件可使亚洲玉米螟和栗灰螟加重发生；西北东部干旱半干旱过渡带气温升高，降水量减少，有利于高粱蚜和玉米蚜的加重发生趋势；华北北部、西部增温显著，降水减少，夏秋干旱严重，大部地区的土壤含水量减少，有利于高粱蚜、玉米蚜和栗灰螟加重发生；而黄河上游和江淮流域升温虽显著，但降水量通常增加，可使亚洲玉米螟、栗灰螟和小地老虎等害虫加重发生。

2. 病害

以下作物病害对气候条件较敏感，气候变化下适宜气象条件可能导致病害猖獗发生：高温高湿条件下玉米褐斑病、玉米小斑病和玉米顶腐病可能猖獗发生；温暖高湿条件可使玉米大斑病猖獗发生；高温干旱可使玉米粗缩病和玉米花叶病毒病猖獗发生。

4.3.2　气温升高对亚洲玉米螟适生分布区的预测

亚洲玉米螟是一种常发的世界性害虫，印度、东南亚、中国、朝鲜、日本、澳大利亚及太平洋西部的诸多岛屿均有分布（翟保平，1992）。亚洲玉米螟是多食性害虫，体积小，寄主范围和危害面广，目前已报道的寄主植物达 69 种，其中以危害玉米最为严重，主要在玉米的心叶期爬入到叶心内，大量食取心叶叶肉，最后只会留下一层表皮，另外还会蛀食苞叶、花丝，影响其授粉和质量；蛀食茎秆，影响水分养分的运输，严重危害玉米的生长，同时也危害高粱和谷子等作物的生长发育，造成颗粒缺失甚至绝收，严重影响中国玉米的产量与质量（王振营等，2000）。亚洲玉米螟主要分布于自黑龙江至广东的玉米产区，西到新疆也有发生，以北方春玉米区和黄淮平原地区春玉米区发生最重，新疆伊宁分布的为欧洲玉米螟，河北张家口、芦台、内蒙古呼和浩特，宁夏永宁等地为亚洲玉米螟和欧洲玉米螟的混生区，但还是以亚洲玉米螟为主（李文德和陈素馨，2003）。

近年来，我国的玉米种植面积呈现递增趋势，据相关监测调查结果，黄淮海玉米产区的虫源分布广泛，麦茬夏玉米区的大部分区域偏重发生，尤其是当亚洲玉米螟幼虫发生高峰期与玉米苗期一旦吻合，夏玉米生产安全将会受到威胁，将会发生不可估量的损失。因此，气候变暖条件下，针对亚洲玉米螟开展适生性分析和相关地理分布的研究显得尤为重要，它将更准确地反映出玉米螟的迁移路线、新迁入地及发生态势，为以后农作物的安全防范及玉米高质高产奠定理论基础。

1. 材料和方法

1）亚洲玉米螟的生物学

亚洲玉米螟属典型的兼性滞育昆虫，在我国的分布区跨越的纬度大，地理环境差异也较大，不同区域发生世代数不同，低纬度低海拔地区发生的世代数多。据报道，我国自北向南一年可发生 1～7 代，如北纬 45°以北，1 年发生 1 代；北纬 40°～45°地区 1 年发生 2 代；长江以北诸省则 1 年基本发生 3 代；浙江、江西一年发生 4 代，广西、台湾等一年发生 5～6 代（鲁新等，2005）。亚洲玉米螟的发生主要受到气候温、湿度影响，成虫的发育起点温度为 11℃；当气温 25℃、相对湿度 90%时，卵可以完全孵化（史晓利等，2006）；温度 12～15℃，湿度 32%时，卵死亡率为 20%～30%。温度在 15～25℃之间时，玉米螟存活率逐渐上升，25～35℃时的存活率最低（Li and Lu，1998；文丽萍等，1998）。亚洲玉米螟通常以老熟幼虫在寄主植物的茎干、穗轴内或根茎中越冬，次年 4～5 月化蛹，经过 10 天左右羽化（沈荣武等，1988）。成虫夜间活动，飞翔力强，有趋光性，寿命 5～10 天，喜欢在离地 50cm 以上、生长较茂盛的玉米叶背面中脉两侧产卵（鲁新等，2005）。幼虫多为 5 龄，3 龄前主要集中在幼嫩心叶、雄穗、苞叶和花丝上活动取食，被害心叶展开后，即呈现许多横排小孔；4 龄以后，大部分钻入茎干和果穗、雌雄穗穗柄（王振营等，2000）。

越冬幼虫在第二年春夏时化蛹，由于不同地区气候原因，不同世代的幼虫化蛹周期不同，六代区 4 月中下旬化蛹，三代区的化蛹时间为 5 月初中旬，二、三代区则是在 5 月中旬至 6 月中旬，一代区的黑龙江等地是 6 月中旬至 8 月中旬（王桂清和忻亦芬，2000）。可见高温多湿是玉米螟大发生的基本条件。

2）亚洲玉米螟 DYMEX 参数值的确定

根据亚洲玉米螟的生物学资料，初步设定 DYMEX 分析所需要的各项参数；根据 EPPO 所公布的亚洲玉米螟在世界的分布范围，拟选定印度、日本和东南亚地区作为调试地区，结合收集的生物学和地理分布资料，反复调试 DYMEX 各项参数，使亚洲玉米螟在印度的分布与 EPPO 所公布的实际情况吻合，初步确定亚洲玉米螟参数值；再次调试，使亚洲玉米螟在东南亚的分布与 EPPO 相吻合，从而确定 DYMEX 参数值；然后使用已确定的参数预测该虫在日本的分布情况，以检测参数的准确性，最终确定用于亚洲玉米螟适生性分析的 DYMEX 参数体系。所用生物学资料包括亚洲玉米螟发育起始温度、最适温度、最高温度上限、有效积温、相对湿度、诱发滞育温度等。

3）亚洲玉米螟在中国的适生范围与适生程度

本节根据已知发生地的亚洲玉米螟为害程度，亚洲玉米螟严重发生地 EI 值均在 20 左右，故将其潜在分布适生程度分为 4 级：EI=0 为亚洲玉米螟的非适生区，0<EI≤10 为低度适生区，10<EI≤20 为中度适生区，EI>20 为高度适生区。根据确定的 DYMEX 参数值分析得到亚洲玉米螟在中国的适生 EI 值，用预设的 4 个 EI 适生等级标准，划分亚洲玉米螟在中国的适生程度，再利用 ArcGIS 空间分析中的反距离加权法对已确定的生态气候指数值进行插值替换，得到亚洲玉米螟在中国的潜在地理分布图。

4）气候变化对亚洲玉米螟适生范围的影响

采用 DYMEX 参数值，通过 DYMEX 软件中温度和降水处理（在原来温度和降雨参数的基础上，最高、最低温度均升高 3℃；降水变化表现为冬季减少 20%，夏季增加 20%），模拟出温度升高 3℃后亚洲玉米螟在中国的潜在分布范围，采用 ArcGIS 进行插值分析，得出气候变化下（升高 3℃）亚洲玉米螟在中国的未来分布格局图，并与亚洲玉米螟在中国的适生区分布图进行比对，分析气温升高对亚洲玉米螟适生范围的影响程度，并由 ArcGIS 气象数据资料和 DYMEX 地点经纬度体系综合计算，得出亚洲玉米螟分布区北移的纬度和升高的海拔高度。

2. 预测结果

1）亚洲玉米螟的 DYMEX 相关参数值

根据亚洲玉米螟生物学资料，初步设定 DYMEX 分析所需要的各项参数，通过 DYMEX 反复模拟调试出亚洲玉米螟的气候适应性参数值（表 4-9），模拟预测主要使用 22 个参数，这些参数客观地反映了亚洲玉米螟对气候条件的需求特征和对气候逆境条件的忍耐程度。

表 4-9　预测亚洲玉米螟在我国潜在适生区的 DYMEX 相关参数

参数名称	参数值	参数名称	参数值
发育起点温度（DV0）	10.35	滞育终止的气温（DPT1）	10
适宜气温下限（DV1）	20	滞育所需的天数（DPD）	25
适宜气温上限（DV2）	28	夏季或冬季滞育（DPSW）	0
限制性高温（DV3）	32	冷胁迫开始积累阈值（TTCS）	6
有效积温（PDD）	539.91	冷胁迫积累速度（THCS）	−0.00007
限制性最低湿度（SM0）	0.2	热胁迫开始积累阈值（TTHS）	38
适宜湿度下限（SM1）	0.7	热胁迫积累速度（THHS）	0.0006
适宜湿度上限（SM2）	1.0	干胁迫开始积累阈值（SMDS）	0.2
限制性最高湿度（SM3）	1.5	干胁迫积累速度（HDS）	−0.01
诱发滞育的日照时数（DPD0）	13.5	湿胁迫开始积累阈值（SMWS）	2
诱发滞育的温度（DPT0）	17.5	湿胁迫积累速度（HMS）	0.002

2）亚洲玉米螟在我国的潜在分布范围与适生程度

将亚洲玉米螟潜在分布的生态气候指数值 EI 插值分析表明，除了西藏、青海全部和甘肃、内蒙古的大部分地区外，我国的中东部地区均为亚洲玉米螟的潜在分布区（表4-10）。其中。亚洲玉米螟的重发区主要集中在东北地区和华南、新疆的少数地区，黑龙江中南部的伊春、鹤岗、佳木斯、双鸭山、齐齐哈尔、大庆、绥化、哈尔滨、七台河、鸡西、牡丹江等地区；吉林省中西部的长春、白山、通化、辽源、四平、松原、白城等地区；辽宁省大部地区，如沈阳、铁岭、鞍山、丹东、营口、阜新、朝阳、锦州、葫芦岛等；内蒙古东部的通辽、赤峰、兴安盟、锡林郭勒及新疆北部的乌鲁木齐、克拉玛依、石河子、阿勒泰等地区；四川的宜宾、自贡；广西南部的梧州、玉林、贵港、南宁、钦州、北海、防城港、崇左；广东西南部的广东、湛江、茂名、阳江及东部的汕头。玉米螟的中度发生区主要是在东北三省及华北的部分地区，黄淮流域的山东、河南、湖北省全部及陕西、江苏、安徽、四川、贵州、云南、广西、广东大部地区，包括：北京、天津、济南、郑州、延边、林西、新竹、台北、台中、高雄、南京、徐州、合肥、武汉、西安、渭南、汉中、安康、成都、贵阳、昆明、玉溪、柳州等地区。亚洲玉米螟的低度发生区主要是在内蒙古、山西、宁夏大部，江西、湖南、浙江、福建大部，甘肃、河北、四川、云南、新疆的部分地区，包括：乌海、大同、中卫、固原、杭州、厦门、石家庄、榆林、延安、天水、平凉、巴塘、攀枝花、大理、海口、哈密等地区。

表 4-10　亚洲玉米螟在我国的潜在分布区

分布	适生等级			
	EI =0	0<EI≤10	10<EI≤20	EI>20
适生地区	西藏、青海全部，新疆大部，甘肃、宁夏、内蒙古部分地区，包括拉萨（0）、西宁（0）、喀什（0）、和田（0）、敦煌（0）、酒泉（0）、石嘴山（0）、呼伦贝尔（0）等	内蒙古、山西、宁夏、江西、湖南、浙江、福建大部地区，河北、陕西、甘肃、四川、云南、海南、新疆的部分地区，包括呼和浩特（1）、乌兰察布（3）、乌海（2）、朔州（6）、大同（2）、中卫（4）、固原（7）、南昌（4）、杭州（6）、厦门（1）、石家庄（3）、保定（3）、张家口（3）、榆林（10）、延安（6）、天水（8）、平凉（6）、庆阳（3）、巴塘（7）、攀枝花（4）、大理（9）、保山（6）、临沧（7）、海口（3）、巴音郭勒（2）、哈密（2）等	黑龙江、吉林、河北、内蒙古、新疆的部分地区，河南、山东、台湾全部，湖北、安徽、江苏、重庆、贵州、云南、广西、广东的大部地区，包括延边（13）、林西（11）、霍林郭勒（15）、北京（17）、承德（12）、天津（18）、济南（13）、郑州（12）、新竹（12）、台中（16）、台北（13）、高雄（11）、南京（15）、徐州（11）、合肥（17）、武汉（12）、西安（19）、渭南（20）、汉中（12）、安康（12）、成都（14）、广安（11）、贵阳（16）、安顺（11）、昭通（13）、曲靖（15）、昆明（13）、玉溪（12）、河池（13）、柳州（13）、河源（20）、梅州（17）等	黑龙江中南部，吉林省中西部，辽宁省大部及内蒙古东部，新疆、四川、广西、广东的部分地区等区域，包括伊春（21）、鹤岗（22）、佳木斯（21）、双鸭山（25）、齐齐哈尔（26）、大庆（22）、哈尔滨（25）、牡丹江（22）、长春（30）、四平（23）、通化（22）、沈阳（24）、鞍山（23）、营口（24）、锦州（21）、锡林郭勒（22）、赤峰（25）、乌鲁木齐（22）、石河子（21）、阿勒泰（24）、宜宾（21）、南宁（22）、玉林（28）、北海（31）、湛江（26）、广州（22）、汕头（21）等

3. 气温升高对亚洲玉米螟分布范围的影响

模拟 21 世纪末全球气温升高 3℃，通过 DYMEX 软件中温度和降水的处理（在原来温度和降水参数的基础上，最高、最低温度均升高 3℃；降水变化表现为冬季减少 20%，夏季增加 20%），预测亚洲玉米螟在我国的潜在适生区。预测表明，受气候变暖的影响，亚洲玉米螟在东北、新疆、华南地区及东南沿海地区的分布范围都发生较大的变化，普遍呈现北移趋势。

亚洲玉米螟的适生区范围变化主要集中在东北地区、新疆、两广地区及东南沿海地区。东北地区的高、中度适生区变化幅度较大，其中高度适生区由大庆、绥化、鹤岗一线北移至嫩江县、孙吴县、乌伊岭区一线，由黑龙江的中部地区西移至内蒙古；中度适生区由锡林郭勒、兴安盟、齐齐哈尔、伊春一线北移至内蒙古、黑龙江的最北部，覆盖了大部分的非适生区和低度适生区。新疆的亚洲玉米螟主要集中在北疆地区，低、中、高发生区在气候变暖条件下都有一定程度的收缩，乌鲁木齐、吐鲁番地区由高度适生区转变为低度适生区。华南地区是变化最为明显的地区，其中广西中南部、广东西南角地区直接由高度适生区转变为低度适生区，云南中东部、广西北部、广东西南部的中度适生区均转变为低度适生区。亚洲玉米螟在东南沿海地区的分布范围，由福建南部向北部迁移到江浙地区。亚洲玉米螟也有向西扩散的趋势，主要体现在低发生片区向西北方向扩散到西藏、青海、甘肃等省区内，东北的重发区也有从东北三省向内蒙古大量扩散的趋势。

4. 讨论

本节研究预测表明，气候变暖条件下亚洲玉米螟的分布区域整体呈现出向北扩散的趋势，向高纬度和高海拔扩散。东北区域内中、高度适生区均向西、向北扩散到黑龙江北部及内蒙古东部一带，亚洲玉米螟在我国的低度适生区域向西也有一定程度的扩展，主要体现在低度适生区由华北、西北、西南一代扩散到高海拔的西藏、青海、甘肃等省境内。同时，华南区域的亚洲玉米螟分布出现了较大程度的退缩，高度适生区全部转变为低度发生或者不发生，区域明显收缩。

根据全国农技推广中心 2011 年对第一代亚洲玉米螟发生趋势的预测，重发生区是在黑龙江省，其次是吉林、辽宁等省；中度发生区主要在华北地区的北京、天津、河北、山西、河南、山东等省和安徽、江苏省的北部地区。本研究所预测的亚洲玉米螟潜在分布图与现实分布图吻合程度较高，高发区除了集中在东北外，南部沿海的广西、广东都有发生；中发区较现实分布要大，还涵盖了华中、西南等地区。

亚洲玉米螟的相关研究中通常是将环境湿度、降水量等作为预测预报的主要因子，高温高湿是亚洲玉米螟的暴发条件，温度和降水构成玉米螟发生的关键因素（史晓利等，2006）。气候变暖导致环境温度增高，加剧了玉米螟的栖息活动、孵化率及越冬存活率（文丽萍等，1998）；冬季少雨，夏季多雨，则在一定程度上增加了 6 月上旬至 7 月中旬的降水次数及降水量，充沛的雨量有利于玉米螟化蛹羽化，成虫寿命较长，产卵量大，孵化率高（刘寿民和侯正明，2004）；另外，气候变暖还导致了春季温度逐渐升高，出现干旱少雨，这些都将构成亚洲玉米螟大发生的条件。

亚洲玉米螟在东北玉米区的发生世代由以前的 1.5 代发展到 2 代，随着气候变暖，东北地区玉米螟的化性也将受到一定影响，其与有效积温成反比，化性越低需要的有效积温越高，温度升高将很可能促使低化性发展成高化性；而化性又与发育起点温度成正比，化性越高，发育起点温度越高，温度升高也为东北区玉米螟的化性升高提供了条件（王桂清和忻亦芳，2000）。一代玉米螟是危害北方春玉米生产的主要害虫，华北产区 6 月气温偏高、大部降水偏少等环境因素将影响到亚洲玉米螟的世代数及种群数量；而东北地区低温促使亚洲玉米螟的一代幼虫危害期向后推迟，玉米的发育期也向后延迟，两者的可能性相遇会一定程度加重玉米产区的危害。

气候变暖条件下，亚洲玉米螟的发育起点温度、有效积温等都会随着温度的改变而波动,故推测:温度升高后很可能造成中、高纬度地区亚洲玉米螟世代数的增加,特别是东北地区的发生范围扩大,春夏交际之时北方玉米主产区降水偏多,而水分又是影响亚洲玉米螟化蛹、复苏的关键因子,适宜的温度和降水有利于其化蛹,这也就为东北玉米产区玉米螟的种群基数增加提供条件。华北玉米产区的发生程度没有太大波动,原因可能是气温较常年略高,春季降水也明显偏少,旱灾程度较重,这些都对亚洲玉米螟的越冬存活和复苏不利。

新疆地区是亚洲玉米螟和欧洲玉米螟的混合发生区,亚洲玉米螟发生区域的收缩,再加上气候变暖所导致的天气变化,很可能增大新疆地区欧洲玉米螟的暴发指数。未来的发展形势下,亚洲玉米螟的低度适生区域所存在的潜在威胁力最大,预测表明这些区域也在不断向青藏高原等内陆高海拔地区扩散,而近几年受气候变暖影响,内陆地区的温度偏高而降水也有所增加,这都可能为玉米螟的大范围暴发提供条件。

4.3.3　未来气候变化下玉米害虫发生世代数的预测

1. 预测方法

参照对黏虫的预测方法。

2. 亚洲玉米螟

1) 世代数增加的趋势

与 1980～1999 年参照期相比,在 2046～2065 年期间棉铃虫在中国的几大棉区的发生世代数都有增加的趋势,大约在 0.5 至近 1 个世代。在三个不同排放情景下的预测结果如下。

在 A1B 排放情景下的世代数增加趋势:根据 CGC-M3.1 模式预测,世代数显著增加的区域集中在中国西北部的部分局部地区,平均将增加 0.4～0.5 代;但根据 CSIRO-MK3.5 模式预测,世代数显著增加的区域分布在全国的几个局部区域,包括新疆的喀什、甘肃河西走廊、内蒙古北部、浙江东南部等地,世代数增加 0.2～0.3 代;根据 GFDL-CM2.1 模式预测,几乎没有世代数显著增加的区域。

在 A2 排放情景下的世代数增加趋势:根据 CGC-M3.1 模式预测,世代数显著增加仅发生在西南的很局部的区域,仅增加约 0.3～0.4 代;但根据 CSIRO-MK3.5 模式的预测,我国西北部大部分地区的发生世代数将显著增加,最大增加 0.5 代;根据 GFDL-CM2.1 模式的预测,世代数显著增加的区域仅发生在新疆与甘肃交界处和新疆南部的局部地区,增加 0.2～0.3 代。

在 B1 排放情景下的世代数增加趋势：根据 CGC-M3.1 模式预测，玉米螟的世代数几乎不显著增加；根据 CSIRO-MK3.5 模式预测，世代数显著增加的区域范围仅局限于我国西南边疆局部区域，增加 0.4～0.5 代；但根据 GFDL-CM2.1 模式预测，世代数显著增加将发生在我国华北和黄淮地区，最大增加 0.8～0.9 代。

2）亚洲玉米螟发生的平均世代数

在 A1B 排放情景下的世代数增加趋势：在东北地区，玉米螟可发生 2 代（山区）至 3 代（平原）；在华北地区，可发生 4 代；在华东地区，可发生 5～6 代；在华南地区，可发生 6～7 代。

在 A2 排放情景下的世代数增加趋势：在东北地区，玉米螟可发生 2 代（山区）至 4 代（平原）；在华北地区，可发生 4～5 代；在华东地区，可发生 5～6 代；在华南地区，可发生 6～8 代。

在 B1 排放情景下的世代数增加趋势：在东北地区，玉米螟可发生 2 代（山区）至 4 代（平原）；在华北地区，可发生 4～6 代；在华东地区，可发生 5～7 代；在华南地区，可发生 6～8 代。

3. 草地螟

草地螟属于草原与农田交错带发生的害虫，不仅为害牧草，而且为害蔬菜和玉米。2004 年新华网报道了草地螟在中国北方严重危害的情况，其在黑龙江发生面积 5720 万亩，内蒙古、山西、河北、吉林和宁夏的发生面积超过 1000 万亩，陕西和辽宁的发生面积达到 400 多万亩。在未来气候变暖情景下，其严重发生的危险性是存在的。

1）世代数增加的趋势

与 1980～1999 年参照期相比，在 2046～2065 年期间草地螟在中国主要发生的 11 个省份，其 20 年的繁殖代数基本呈现出增加的趋势，增加的代数小于 1 代（表 4-11）。

表 4-11 2046～2065 年草地螟的代数变化趋势

地理区域	省份	排放情景/代		
		A1B	A2	B1
西北地区	新疆	0.5～0.6	0.5	北部 0.3～0.4，南部 0.2
	青海	0.1～0.2	0.1～0.4	0.1
	甘肃	0.3	0.3（中部）～0.4	0.1
	宁夏	0.3	0.4	0.4～0.6
	陕西	−0.4	0.3～0.4	0.7～0.9

地理区域	省份	排放情景/代		
		A1B	A2	B1
华北地区	山西	−0.3		0.4~0.8
	河北		0.6~0.8	0.6~0.8
	内蒙古	东、西部 0.2，中部~0.3	西部 0.3；东部 0.5~0.6	0.2~0.6
东北地区	黑龙江	0.3~0.4	0.3~0.5	
	吉林	0.4	0.3~0.4	
	辽宁	0.4	0.3~0.7	0.5~0.6

在 A1B 排放情景下的世代数增加趋势：西北地区的新疆的代数增加最多为 0.5~0.6 代，青海最少为 0.1~0.2 代，陕西将减少 0.3~0.4 代；东北三省的代数将增加 0.4 代；草地螟在华北地区的代数可能会呈现下降的态势，从山西和内蒙古的预测情况来看，代数大约减少 0.3 代。

在 A2 排放情景下的世代数增加趋势：草地螟在华北地区的河北代数可能增加最多为 0.6~0.8 代；其次为西北地区的新疆增加 0.5 代，东北地区草地螟未来代数可能增加 0.3~0.7 代，各省所发生的最多代数从北向南增加。

在 B1 排放情景下的世代数增加趋势：草地螟在当前影响地区的繁殖代数增加约 0.1~0.9 代，西北地区从西向东繁殖代数增加趋势值上升，在陕西增加的代数最多达到 0.7~0.9 代，其次是宁夏 0.4~0.6 代，如果在异常变暖的个别年份，草地螟可以在此完成一代繁殖，对农作物和牧草将带来严重为害。华北地区是草地螟代数增加趋势第二的区域，在河北和山西代数的增加分别达到 0.4~0.8 代和 0.6~0.8 代，内蒙古的部分地区也可上升 0.6 代；东北三省只有辽宁预测结果通过检验，其发生代数增加 0.5~0.6 代。

2）草地螟发生的平均世代数

以草地螟目前在各地的年发生世代数为基础，参考未来气候变化情景下其在各地的发生趋势，三种气候情景下，CGC-M3.1 和 GFDL-CM2.1 模式的代数预测结果均低于 CSIRO-3.5 的预测。如果以草地螟在各地的年发生最多世代数作为该害虫在当地发生的世代数，CSIRO-3.5 的预测结果相对比较符合实际，三个耦合气候模式对未来气候变化情景下 2046~2065 年三化螟年平均发生世代的预测结果如下。

在 A1B 情景下的发生世代数：2046~2065 年草地螟在西北大部分地区的平均发生代数为 2.5~4.5 代，华北地区为 4.5 代左右，东北地区为 3~4.5 代。

在 A2 情景下的发生世代数：西北地区的平均发生代数为 2.5~5 代，华北地区为 4.5~6 代，东北地区为 3.5~4.5 代。

在 B1 情景下的发生世代数：西北地区与 A1B 情景相同，华北和东北地区与 A2 情景的预测结果相同。

4.4 气候变化对棉花病虫害发生的影响预测

4.4.1 对棉花主要病虫害发生性质的预测

1. 虫害

根据近 50 年气候变化的特征预测，西北东部干旱半干旱过渡带气温升高，降水量减少，将有利于棉蚜、棉铃虫、朱砂叶螨和烟粉虱猖獗发生；在华北北部、西部增温显著，降水减少，夏秋干旱严重，大部地区的土壤含水量减少，将有利于棉蚜、三点盲蝽、朱砂叶螨、棉叶蝉和棉铃虫的猖獗发生；黄河上游和江淮流域除升温显著外，降水量通常增加，将会加重绿盲蝽和中黑盲蝽的发生；长江中下游气温存在上升趋势，降水量增加，土壤含水量增加，将有利于中黑盲蝽和绿盲蝽的发生，也有利于棉红铃虫的加重发生。

2. 病害

以下作物病害对气候条件较敏感，气候变化下适宜气象条件可能导致病害猖獗发生：高温高湿有利于棉枯萎病、棉黄萎病和棉炭疽病的发生；高湿将有利于棉角斑病的发生；低温高湿将有利于棉立枯病和棉红腐病的发生。

4.4.2 升温下棉铃虫适生分布区变化的预测

棉铃虫严重为害棉花（蕾铃），目前在我国各省均有发生，以黄河流域、长江流域两大棉区危害最重，如山东、河南、河北、山西、陕西、江苏、安徽、湖北、湖南、江西、四川、浙江等地区；西北内陆棉区的新疆、甘肃等省棉铃虫发生态势逐年提高。棉铃虫幼虫食性广，寄主植物已知有 250 多种，主要危害棉花、玉米、小麦、茄果类、豆类以及苹果等植物的芽、叶、蕾、花、铃、果、荚、穗等部位，成虫对环境适应能力也很强（洪晓月和丁锦华，2007）。

20 世纪全球气温升高约 0.74℃（IPCC，2007），预计未来 100 年全球气温仍将持续升高，21 世纪末气温将平均升高 3℃。温度是影响棉铃虫生长发育的关键因素，气候变暖将直接或间接影响变温动物昆虫及其所在的生物群落，例如，CO_2 浓度升高通过影响作物生长而间接影响害虫生长发育和发生；温度升高则对昆虫的生长发育、代谢速率、生存繁殖及迁移扩散等重要生命活动产生直接影响（李保平和孟玲，2010）。宏观上，气候变暖对昆虫的影响表现为拓宽昆虫的适生区域，地理分布扩大，使受低温限制的昆虫增加了向高纬度和高海拔地区扩散的机会（Parmesan and Yohe，2003；Walther et al.，2005）。

生物气候模型常被用于预测生物（如外来生物）在新环境中的潜在适生区域（Pearson and Dawson，2003；Finch et al.，2006；Lawson et al.，2010；饶玉燕等，2009），其中，基于生理特性的生物气候模拟软件 CLIMAX 是预测生物潜在分布范围的有益工具之一（Yonow et al.，2004；Lawson et al.，2010）。本节研究采用基于生理特性的生物气候模型（DYMEX 软件）和图形处理软件 ArcGIS，对棉铃虫在中国适生性和气温升高后棉铃虫的扩散分布范围等进行预测，为制定应对气候变化的害虫综合治理适应性对策提供依据。

1. 材料和方法

1）棉铃虫的生物学

棉铃虫在我国棉区年发生代数各地不同，黄河流域常年发生 3～4 代，长江流域 4～5 代，华南则 6～8 代。棉铃虫以滞育蛹在土中越冬，越冬北线为 1 月份最低均温 –15℃等温线左右（吴孔明和郭予元，1995）。棉铃虫发育起点温度为 10.66℃，完成一代的有效积温为 515.75℃（牟吉元等，1995）。温度为 25～28℃，最适于棉铃虫发生。在 20℃、短日照（10 h）条件下，可诱发所有个体进入滞育状态，而在同温度、长光照（16 h）条件下则所有个体不滞育（李超和谢宝瑜，1981；王方海等，1999）。在 33～39℃的变温条件下，棉铃虫化蛹率显著低于其在常温下的化蛹率，高温夏滞育的临界温度为 33℃（刘柱东等，2004）。雨水和土壤含水量对棉铃虫种群有较大的抑制作用，当土壤相对含水量大于 71.4%和小于 35.7%时，棉铃虫种群发生量均有所下降（张建军等，2001）。

2）软件工具与气象数据

本节研究采用澳大利亚科学与工业研究组织（CSIRO）开发的 DYMEX V3.0 和美国环境系统研究所（ESRI）开发的 ArcGIS V9.3 软件为主要分析工具。中国气象局提供 1981～2000 年平均气温、平均相对湿度、月平均降水量、日最高气温、日最低气温等相关气候因子资料。

3）棉铃虫 DYMEX 参数值的确定

根据棉铃虫的生物学资料，初步设定 DYMEX 分析所需要的各项参数；根据 EPPO 所公布的棉铃虫在世界的分布范围，拟选定欧洲和印度作为调试地区，结合收集的生物学和地理分布资料，反复调试 DYMEX 各项参数，使棉铃虫在欧洲的分布与 EPPO 所公布的实际情况吻合，初步确定棉铃虫参数值；再次调试，使棉铃虫在印度的分布与 EPPO 相吻合，从而确定 DYMEX 参数值；然后使用已确定的参数预测该虫在阿拉伯、以色列、伊朗、日本等国家的分布情况，以检测参数的准确性，最终确定用于棉铃虫适生性分析的 DYMEX 参数体系。所用生物学资料包括棉铃虫发育起始温度、最适温度、最高温度上限、有效积温、相对湿度、诱发滞育温度等。

4）棉铃虫在中国的适生范围与适生程度

本节在利用 DYMEX 预测棉铃虫在中国的潜在分布时发现，大部分棉铃虫严重发生地 EI 值均在 20 左右；与棉铃虫原产地气候相似的地区 EI 值在 10 左右。因此，本节根据已知发生地的棉铃虫为害程度，将其潜在分布适生程度分为 4 级：EI = 0 为棉铃虫的非适生区，0＜EI≤10 为低度适生区，10＜EI≤20 为中度适生区，EI＞20 为高度适生区。根据确定的 DYMEX 参数值分析得到棉铃虫在中国的适生 EI 值，用预设的 4 个 EI 适生等级标准，划分棉铃虫在中国的适生程度，再利用 ArcGIS 空间分析中的反距离加权法对已确定的生态气候指数值进行插值替换，得到棉铃虫在中国的潜在地理分布图。

5）气候变化对棉铃虫适生范围的影响

采用 DYMEX 参数值，通过 DYMEX 软件中温度和降水处理（在原来温度和降雨参数的基础上，最高、最低温度均升高 3℃；降水变化表现为冬季减少 20%，夏季增加 20%），模拟出温度升高 3℃后棉铃虫在中国的潜在分布范围，采用 ArcGIS 进行插值分析，得出气候变化下（升高 3℃）棉铃虫在中国的未来分布格局图，并与棉铃虫在中国的适生区分布图进行比对，分析气温升高对棉铃虫适生范围的影响程度，并由 ArcGIS 气象数据资料和 DYMEX 地点经纬度体系综合计算，得出棉铃虫分布区北移的纬度和海拔升高的距离。

2. 预测结果

1）棉铃虫的 DYMEX 相关参数值

根据棉铃虫生物学资料，初步设定 DYMEX 分析所需要的各项参数，通过 DYMEX 反复模拟调试出棉铃虫的气候适应性参数值（表 4-12），模拟预测主要使用 20 个参数，这些参数客观地反映了棉铃虫对气候条件的需求特征和对气候逆境条件的忍耐程度。

表 4-12　预测棉铃虫在我国潜在适生区的 DYMEX 相关参数

参数名称	参数值	参数名称	参数值
发育起点温度（DV0）	10.5	诱发滞育的温度（DPT0）	20
适宜气温下限（DV1）	20	滞育终止的气温（DPT1）	33
适宜气温上限（DV2）	30	滞育所需的天数（DPD）	15
限制性高温（DV3）	39	夏季或冬季滞育（DPSW）	1

续表

参数名称	参数值	参数名称	参数值
有效积温（PDD）	515.75	冷胁迫开始积累阈值（TTCS）	7
限制性最低湿度（SM0）	0.02	冷胁迫积累速度（THCS）	−0.00009
适宜湿度下限（SM1）	0.3	热胁迫开始累积阈值（TTHS）	40
适宜湿度上限（SM2）	0.7	热胁迫累积速度（THHS）	0.0008
限制性最高湿度（SM3）	1.5	湿胁迫开始累积阈值（SMWS）	2
诱发滞育的日照时数（DPD0）	10	湿胁迫累积速度（HMS）	0.08

2）棉铃虫在我国的潜在分布范围与适生程度

将棉铃虫潜在分布的生态气候指数（EI）插值分析表明，我国大部分地区为棉铃虫的潜在地理分布区（表 4-13）。其中，高度适生区主要分布在西北、西南、华北和华南的部分地区，例如，陕西与甘肃交界处天水地区、四川与西藏交界处巴塘地区、河南中南部地区（郑州、洛阳、信阳、周口、驻马店）、安徽北部地区（阜阳、淮南、蚌埠、宿州）和湖北的北部地区（襄樊、随州）、湖南的部分地区（长沙、湘潭、衡阳、株洲、怀化）、广西的南宁、云南的玉溪和广西与广东交界处的贺州、梧州、云浮，广东东部沿海地区（广州、汕尾、汕头）、江西南部的赣州和福建的南部地区（厦门、漳州、龙岩）。

表 4-13　棉铃虫在我国的潜在分布区

分布	适生等级			
	EI=0	0<EI≤10	10<EI≤20	EI>20
适生地区	黑龙江的牡丹江（0）、齐齐哈尔（0）、爱辉（0）、内蒙古的海拉尔（0），青海的玉树（0）等	黑龙江、吉林、辽宁、内蒙古、甘肃、新疆、西藏以及南方地区的浙江、湖南、湖北、云南、海南等。包括哈尔滨（2）、佳木斯（1）、沈阳（8）、长春（4）、延吉（5）、营口（9）、呼和浩特（6）、包头（5）、临西（2）、玉门（3）、乌鲁木齐（4）、和田（4）、喀什（6）、伊宁（5）、拉萨（8）、杭州（7）、温州（7）、常德（9）、九江（10）、恩施（6）、腾冲（9）、昭通（10）、海口（7）、上海（10）、榆林（10）等	四川、福建、广西、山东、山西、江苏、贵州、甘肃、宁夏、陕西、河南、河北、广东、江西等大部分区域，包括成都（11）、宜宾（12）、西昌（14）、福州（18）、南平（13）、桂林（19）、北海（15）、天津（18）、济南（15）、青岛（15）、烟台（19）、太原（14）、南京（11）、贵阳（11）、昆明（12）、兰州（14）、陇州（14）、银川（11）、西安（17）、开封（18）、石家庄（19）、广州（18）、湛江（13）、梅县（19）、阳江（15）、南昌（13）、武汉（20）、徐州（17）等	湖南、湖北、四川、云南、广西、广东、福建、江西、安徽、甘肃、香港等部分区域，包括长沙（24）、南宁（22）、梧州（31）、巴塘（25）、蒙自（26）、汕头（22）、厦门（33）、赣州（22）、蚌埠（26）、天水（23）、南阳（28）、信阳（30）、枝江（23）、香港（24）等

棉铃虫适生指数 EI 值在 22～33 之间,这与棉铃虫在这些地区的发生情况基本相符。中度适生区分布在黄河和长江流域的大部分省份,棉铃虫适生指数 EI 值达到 11～20,这些地区是受到气候变化影响最为明显的区域,随着全球气温的升高,中度适生区的变化幅度将会最大,很大程度上提高了棉铃虫在中国的为害潜力。低度适生区主要分布在东北三省、新疆、西藏和青海,棉铃虫适生指数 EI 值达到 1～10,随着气候变暖的加剧,这些地区会不断地衍生为棉铃虫广泛为害的关键地区。非适生区主要分布在黑龙江的牡丹江、齐齐哈尔、爱辉,内蒙古的海拉尔和青海省的玉树等地。

3)气温升高对棉铃虫适生范围的影响

模拟 21 世纪末全球气温升高 3℃,通过 DYMEX 软件中温度和降水的处理(在原来温度和降水参数的基础上,最高、最低温度均升高 3℃;降水变化表现为冬季减少 20%,夏季增加 20%),预测棉铃虫在我国的潜在适生区。预测表明,受气温升高的影响,齐齐哈尔、牡丹江、爱辉、玉树等地区由棉铃虫非适生区转变为低度适生区。棉铃虫中度适生区范围进一步扩大,由营口、北京、石家庄、太原、延安、兰州、成都一线扩大北移至沈阳、呼和浩特、酒泉、格尔木、拉萨一线,涵盖了辽宁、内蒙古、甘肃、青海、西藏的大部分地区和吉林、浙江、湖北的部分地区。其中,新疆大面积区域从低度适生区转变为中度适生区。棉铃虫分布区北移约 3 个纬度,海拔平均升高300～500m。

棉铃虫高度适生区变化幅度较大,特别在西北地区陕西与甘肃交界处天水地区,西南地区四川与西藏交界处巴塘地区发生范围明显呈环状扩散,平均扩大半径约 150km;广西地区适生中心由中部向北部转移约 2.4 个纬度,福建地区由闽南向闽北与浙江交界处转移约 2.6 个纬度。另外,同一个适生等级内的某些地区棉铃虫的适生指数变大,如长春、成都、海口、杭州、哈尔滨、昆明、林西、南昌、南京、陇州、沈阳、芜湖、西安、乌鲁木齐、上海、青岛等地。

但是,我国华北、华南部分地区的棉铃虫适生区域出现收缩趋势,如河南大部分地区,湖北北部的武汉、襄樊,安徽北部的阜阳、蚌埠,湖南的长沙、衡阳,广西的南宁、桂林,广东的广州、汕头和台湾西南部的高雄、嘉义地区等都由高度适生区转变为中度适生区;海南的大部分地区,广东韶关、广西北海、浙江东部地区等均由中度适生区转变为低度适生区。另外,同一个适生等级内的某些地区棉铃虫的适生指数值变小,如北京、石家庄、天津等。

3. 讨论

随着气温升高,棉铃虫的发育历期缩短,发生世代数增加(吴坤君等,1980)。同时,如 CO_2 浓度倍增可使棉铃虫发育世代增加 1 代,越冬界限向北推移,复种指数的提高也为棉铃虫提供了丰富的食料,气候干旱对棉铃虫蛹的羽化有利(王勤英,1997)。总之,气候变暖可能有利于棉铃虫发生,使棉花受害加重。

根据全国农技推广中心 2010 年对二代棉铃虫发生趋势的预测,棉铃虫主要集中在长城以南、黄河长江中下游的广大地区,西北地区和东北地区的新疆、辽宁等省份的少数地区也有一定程度的发生。本节研究所预测的棉铃虫潜在分布图基本上与现实分布图相吻合,但是对应的面积均比现实分布图要大,潜在扩散主要体现在长城以北及西北、西南地区,这也凸显出了棉铃虫的潜在分布发展趋势,一旦条件适宜,有向北、向西方向迁移发生的潜在危险。

本节研究预测表明,气候变暖条件下棉铃虫的分布区域大部分呈现向北和向西扩张,少部分高度适生区(天水、巴塘等)面积扩大,但也有部分适生区(华北地区、华南地区、台湾、香港和海南地区等)收缩。棉铃虫的大部分适生区域随着气候变暖向我国北方转移,并向西北和青藏高原等内陆和高海拔地区迁移,大体呈现出向高纬度、高海拔推进的趋势。该预测符合气候变暖对害虫影响的理论推测(陈瑜和马春森,2010;李保平和孟玲,2010;王勤英,1997)。我国北方和西部地区,多山地和高原,有较多沙土,普遍降水偏少,湿度较低,棉花种植面积较南方和东部地区大,这些条件使棉铃虫高风险发生的可能性增大(王正军等,2003)。

随着气候变暖,棉铃虫的发育历期缩短,发生世代数增加(吴坤君等,1980),这些条件在棉铃虫大面积暴发中所发挥的作用将更加明显,导致棉铃虫的分布范围向西、向北大面积覆盖式迁移。新疆大面积区域从低度适生区转变为中度适生区,此现象与新疆近几年逐步成为我国最大棉花产地是分不开的。新疆棉花种植面积持续走高,伴随气候变暖加剧所引起的秋季气温偏高和干燥少雨等环境状况,棉铃虫的分布范围随同寄主不断扩大;同时,新疆日照时间长,昼夜温差大,棉花含糖量高,也是棉铃虫大面积发生的一个重要因素。

预测表明:棉铃虫在陕西与甘肃交界处天水地区,四川与西藏交界处巴塘等高度适生区发生范围明显扩大。这与陕西与甘肃交界处属于西北内陆棉区,棉花种植面积逐年提高,成为仅次于新疆的重要产棉区有关(刘琰琰和潘学标,2007)。此地区棉花作物对气候变暖较敏感,棉铃虫大面积发生可能性增大。棉铃虫为害范围的急剧扩张,很可能会再次向西影响到新疆棉区,向东影响到陕西东部棉区(渭南等地)和河南棉区。而四川与西藏交界处巴塘县是位于横断山脉北端和金沙江东岸的河谷地带,是四川的产棉区,其春季气温回升较快,冷热气流交替,小气候频繁,同时气候变化条件下,天气气候的极端事件增加,病虫害的突发发生可能性增强,这也是此地区棉铃虫发生区大幅度扩大的一个重要因素。

气候变暖条件下,华北、华南部分地区棉铃虫适生区域出现收缩趋势,可能与常年降水量增多,棉铃虫卵受到雨水强烈冲刷,孵化幼虫数量急剧下降有关,雨水多不利于棉铃虫蛹的正常羽化是导致虫量减少的重要原因。同时受气候变暖影响，棉铃虫天敌数量的增多，也是导致这些地区的棉铃虫种群发生量下降的原因之一。

根据生物气候模拟预测出的在气候变化条件下生物分布范围的扩张，通常仅代表了在其他各项影响因子均最适宜的情况下的结果，而实际发生的变化常常小于预测，因为除了气候因素外，生物因素也是影响生物分布的重要因素。例如，近来研究表明，由于昆虫难以适应新环境的寄主植物，而减缓昆虫对气候变化的反应（Pelini et al.，2010）；气候与生物因素共同作用影响山地植食性昆虫的海拔分布（Merrill et al.，2008）。而本节研究所用软件仅考虑气候和有效积温、滞育等因素对生物个体生长发育的影响，故需谨慎对待其预测结果（宋红敏等，2004；Lawson et al.，2010）。

4.4.3　利用有效积温模型预测气温升高后棉铃虫发生世代的变化

参照 4.1.2 节对黏虫的预测方法。根据世界气候研究计划（WCRP）指定全球大气耦合海洋环流模式对比计划（CMIP）的三个模式（CGCM3.1、CSIRO-Mk3.5 和 GFDL-CM2.1）输出的结果，设置 3 个排放情景（全球可持续发展情景、平衡发展情景和国内或区域资源情景），分别预测至 2046～2065 年和至 2081～2100 年的升温变化空间格局，根据害虫一个世代所需积温预测满足其发生的总有效积温，从而推测其发生世代数。为了验证害虫完成一代所需积温的准确性及 CGCM3.1 模式对 1961～2000 年在 B1 情景下预测结果的准确性，本节研究利用 NCEP 再分析 1961～2000 年的平均气温对这段时间的害虫发育代数的影响并进行了预测，并查阅害虫在目前气候状况下的具体发生代数，发现 B1 情景下，CGCM3.1 模式对 1961～2000 年的预测结果在新疆的结果偏低，而其他地区差别不大。如果以当前害虫发生的代数作为基数，对比未来的发生代数的增加或减少，应使用 NCEP 资料预测的结果。

1）世代数增加的趋势

与 1980～1999 年参照期相比，在 2046～2065 年期间棉铃虫在中国的几大棉区的发生世代数都有增加的趋势，大约在 0.5 至近 1 个世代。三个不同排放情景下，得到以下预测结果。

在 A1B 排放情境下的世代数增加趋势：根据 CGC-M3.1 模式预测，世代数显著增加的区域集中在新疆棉区，平均将增加 0.4～0.7 代；根据 CSIRO-MK3.5 模式预测，世代数显著增加的区域范围比较广泛，从南疆到华北和华南的局部棉区，只有华南地区增加的幅度比较大（0.8～0.9 代）；根据 GFDL-CM2.1 模式预测，世代数显著增加仅发生在很局部的区域。

在 A2 排放情境下的世代数增加趋势：根据 CGC-M3.1 模式预测，世代数显著增加仅发生在西南的局部区域，仅增加约 0.3～0.4 代；但根据 CSIRO-MK3.5 模式的预测，西北尤其新疆棉区发生的世代数将显著增加，最大增加 0.5 代；而根据 GFDL-CM2.1 模式的预测，世代数显著增加（0.3 代）仅发生在新疆和宁夏的局部区域。

在 B1 排放情境下的世代数增加趋势：根据 CGC-M3.1 模式预测，几乎没有世代数显著增加的区域；根据 CSIRO-MK3.5 模式预测，世代数显著增加的区域范围仅局限于西南局部区域，增加 0.5 代；但根据 GFDL-CM2.1 模式预测，世代数显著增加将发生在黄河流域棉区，可增加 0.7～0.9 代。

2）棉铃虫发生的平均世代数

在 A1B 排放情境下的世代数增加趋势：根据 CGC-M3.1 和 CSIRO-MK3.5 模式的预测，在新疆，北疆棉铃虫将发生 4～5 代、南疆发生 5～6 代；在黄河流域棉区，将发生 6～7 代；在长江以南棉区将发生 8～9 代；根据 GFDL-CM2.1 模式的预测，棉铃虫在上述棉区的发生世代数为 1～2 代。

在 A2 排放情境下的世代数增加趋势：根据 3 个不同气候耦合模式得到的预测结果与 A1B 情景下的结果近似。

在 B1 排放情境下的世代数增加趋势：根据 3 个不同气候耦合模式得到的预测结果与 A1B 情景下的结果近似。

4.5　应对策略

4.5.1　调整有害生物综合治理策略

害虫综合治理（integrated pest management, IPM）旨在利用生物防治（寄生性、捕食性和病原菌等天敌）、农业防治（抗虫品种、栽培管理等）、物理机械防治（利用调控温度、阻隔分离、诱杀、简单机械捕杀等）以及合理使用化学杀虫剂等方法，将害虫控制在经济危害水平之下。在实施 IPM 过程中，根据经济阈值制定的防治指标（如害虫密度或为害程度）是喷施化学杀虫剂的主要依据。由于害虫在气温增高的条件下发育速度加快、发生时间提前；在高 CO_2 浓度条件下取食量增大、杀虫剂防治效果降低，故必须重新制定防治指标，适当降低防治指标才能避免经济损失。

在实施以生物防治为中心的 IPM 过程中，寄生性天敌昆虫在高温下寄生力可能降低，害虫与其天敌之间可能出现物候不一致的问题，从而导致害虫尤其是次要害虫由于摆脱天敌控制而猖獗发生。在此情况下，必须适当降低防治指标指导化学防治，才能避免经济损失。

4.5.2 加强抗病虫育种

气候变化对农作物抗性、生理性状影响很大，当前具有较强抗性的品种可能会降低其抗性表现，这给依赖作物抗病性的植物病害防治实践提出了严峻的挑战。因此，必须加强抗病和抗虫育种科研与推广，以有效应对气候变化对作物病虫害防治造成的不利影响。

4.5.3 强化监测和预警

"预防为主、综合防治"是我国长期坚持的植物保护方针，监测预警是预防的中心内容。由于气候是某些害虫猖獗发生的主要影响因素，其中迁飞性害虫的起飞与降落与气象要素密切相关，故须加强对重大迁飞性害虫和病原菌的监测和预警，包括为害水稻的褐飞虱和稻纵卷叶螟，为害禾谷类作物和草原的东亚飞蝗、黏虫、亚洲飞蝗、草地螟，为害棉花的棉铃虫，以及为害小麦的锈菌等。此外，有必要加强对伴随气候变化出现的新的病虫草害的监测，为及时制定应对策略和技术提供依据。

4.5.4 调整作物布局

在气候变化条件下，某些农作物和部分病虫害的分布区将发生变化，主要表现为分布北限将上移，可能会造成某些害虫和病原菌的寄主作物由当前的分隔间断分布变为连续分布，为病虫害猖獗发生提供了有利的寄主条件。因此，为了阻断害虫和病原菌侵染循环，必须及时调整作物种植布局。

4.5.5 调整化学防治策略

虽然施用化学杀虫剂、杀菌剂和除草剂存在若干负面影响，但在现代农业中化学防治仍然是治理病虫草害的主要措施，据估计每年全世界使用化学农药合计 22 亿 kg 有效成分（EPA，2002）。在气候变化条件下，由于病虫草害发生更加猖獗，化学防治力度必须加强。

4.5.6 加强气候变化影响及其应对技术的研究

虽然对农业有害生物与气候相互关系的研究由来已久。迄今的研究进展主要来自于较小的时空尺度上对少数对象的研究，有必要对整个食物链对气候变化的反应进行研究，因为食料植物与其消费者具有完全不同的反应阈值和响应（Lawton，1995）。迄今极其缺乏在中尺度（区域）和大尺度水平（国家）上综合考虑多个因素的预测研究，因此须加强这方面的模型模拟研究（Chakraborty et al.，2000）。

我国针对气候变化对农作物病虫草害的影响研究于最近几年才刚开始，对棉花害虫的试验研究相对较多，而对其他作物以及其他病、虫、草害几乎没有研究。严重阻碍了对气候变化影响我国农作物病、虫、草害发生发展趋势的预测，从而影响了对气候变化影响我国农业生产的全面认识和预测。因此，迫切需要开展气候变化对我国农作物病、虫、草害影响及其应对策略和技术的研究。

参 考 文 献

陈瑜, 马春森. 2010. 气候变暖对昆虫影响研究进展. 生态学报, 30(8): 2159-2172.

程俊峰, 万方浩, 郭建英. 2006. 西花蓟马在中国适生区的基于 CLIMEX 的 GIS 预测. 中国农业科学, 39(3): 525-529.

杜晓梅, 琪美格, 瓦哈甫·哈力克. 2008. 新疆有效灌溉面积动态变化. 农业系统科学与综合研究, 24(3): 284-288.

洪晓月, 丁锦华. 2007. 农业昆虫学(第二版). 北京: 中国农业出版社.

江幸福, 蔡彬, 罗礼智, 等. 2003. 温、湿度综合效应对粘虫蛾飞行能力的影响. 生态学报, 23(4): 738-743.

金翠霞. 1979. 粘虫发生数量与降雨量及相对湿度的关系. 昆虫学报, 22(4): 404-411.

金翠霞, 何忠, 马世骏. 1965. 粘虫(*Leucania separata* Walker)的发育和成活与环境湿度的关系——II. 前蛹和蛹. 昆虫学报, 8(3): 239-249.

李保平, 孟玲. 2010. 气候变化对农作物病虫草害的影响. 见: 潘根兴. 气候变化对中国农业生产的影响分析与评估. 北京: 中国农业出版社: 82-91.

李超, 谢宝瑜. 1981. 光周期与气温的联合作用对棉铃虫种群滞育的影响. 昆虫知识, 18(4): 58-61.

李建军, 李修炼, 成为宁. 1999. 小麦吸浆虫研究现状与展望. 麦类作物, 19(3): 51-55.

李淑华. 1983. 中国粘虫发生的气候带及其区划. 农业气象, 4(4): 40-43.

李文德, 陈素馨. 2003. 亚洲玉米螟与欧洲玉米螟混生区的研究. 昆虫知识, 40(1): 31-35.

林昌善. 1963. 粘虫发生规律的研究Ⅳ. 与粘虫蛾远距离迁飞降落过程有关的气象物理因素的分析. 植物保护学报, 2(2): 111-122.

刘寿民, 侯正明. 2004. 甘肃陇东玉米螟生物学特性的初步观察. 昆虫知识, 41(5): 461-464.

刘琰琰, 潘学标. 2007. 中国棉花生产县域比较优势分析. 棉花学报, 19(1): 64-68.

刘柱东, 龚佩瑜, 吴坤君, 等. 2004. 高温条件下棉铃虫化蛹率、夏滞育率和蛹重的变化. 昆虫学报, 47(1): 14-19.

鲁新, 张国红, 李丽娟, 等. 2005. 吉林省亚洲玉米螟的发生规律. 植物保护学报, 32(3): 241-245.

苗进, 武予清, 郁振兴, 等. 2011. 麦红吸浆虫随气流远距离扩散的轨迹分析. 昆虫学报, 54(4): 432-436.

牟吉元, 崔龙, 陈天元. 1995. 棉铃虫发育起始点、有效积温的测定和发生检验. 山东农业大学学报, 26(3): 280-284.

饶玉燕, 黄冠胜, 李志红, 等. 2009. 基于 DYMEX 和 DIVA-GIS 的昆士兰果实蝇潜在地理分布的预测.

植物保护学报, 36(1): 1-6.

沈荣武, 薛芳森, 朱杏芬. 1988. 玉米螟化性及田间滞育发生时间的研究. 江西植保, 3(1): 18-19.

史晓利, 王红, 杨益众. 2006. 环境胁迫对亚洲玉米螟及其主要寄生性天敌的影响. 玉米科学, 14(2): 137-140.

宋红敏, 张清芬, 韩雪梅, 等. 2004. CLIMEX: 预测物种分布区的软件. 昆虫知识, 41(4): 379-386.

王方海, 龚和, 钦俊德. 1999. 气温对棉铃虫滞育的影响. 昆虫知识, 36(1): 3-4.

王桂清, 忻亦芬. 2000. 沈阳地区不同化性亚洲玉米螟历期和有效积温的研究. 沈阳农业大学学报, 31(5): 444-447.

王冀川, 高山, 徐雅丽, 等. 2011. 新疆小麦灌溉技术的应用与存在问题. 节水灌溉, (9): 25-29.

王勤英. 1997. 气候变化对河北省棉花生产及病虫害的可能影响. 生态农业研究, 5(3): 45-48.

王振营, 鲁新, 何康来, 等. 2000. 我国研究亚洲玉米螟历史、现状与展望. 沈阳农业大学学报, 31(5): 402-412.

王正军, 李典漠, 谢宝瑜. 2003. 棉铃虫风险发生区的确定与评估. 生态学报, 23(12): 2642-2652.

文丽萍, 王振营, 宋彦英, 等. 1998. 温、湿度对亚洲玉米螟成虫繁殖力及寿命的影响. Act Entomologica Sinica, 41(1): 70-76.

吴孔明, 郭予元. 1995. 棉铃虫滞育的诱导因素. 植物保护学报, 22(4): 331-336.

吴坤君, 陈玉平, 李明辉. 1980. 气温对棉铃虫实验种群生长的影响. 昆虫学报, 23(4): 358-367.

仵均祥, 李长青, 李怡萍, 等. 2004. 小麦吸浆虫滞育研究进展. 昆虫知识, 41(6): 499-503.

辛相启, 宋国春. 1995. 我国小麦吸浆虫研究进展. 国外农学-麦类作物, (1): 43-46.

徐冠军. 1999. 植物病虫害防治学. 北京: 中央广播电视大学出版社.

袁锋, 花保祯, 仵均祥, 等. 2003. 麦红吸浆虫的灾害与成灾规律研究Ⅱ. 西北农林科技大学学报, 31(6): 43-48.

袁锋, 仵均祥, 花保祯, 等. 2003. 麦红吸浆虫的灾害与成灾规律研究. 西北农林科技大学学报, 31(5): 96-100.

翟保平. 1992. 亚洲玉米螟研究的回顾与展望. 玉米科学, (1): 73-79.

张建军, 杨益众, 邵益栋, 等. 2001. 雨水和土壤含水量对棉铃虫种群抑制作用初探. 江苏农业研究, 22(4): 32-34.

张云慧, 张智, 姜玉英, 等. 2012. 2012 年三代黏虫大发生原因初步分析. 植物保护, 38(5): 1-8.

赵圣菊. 1987. 用海温预测二代粘虫发生区一代成虫迁入期的模式研究. 气象科学研究院院刊, 2(l): 88-96.

周尧. 1956. 小麦吸浆虫的简单介绍. 昆虫知识, (1): 28-33.

Chakraborty S, Tiedemann A V, Teng P S. 2000. Climate change: potential impact on plant diseases. Environmental Pollution, 108(3): 317-326.

Cline W R. 2007. Global warming and agricutlture, impact estimates by country. Washington DC: Center for Global Development, Peterson Institute for International Economics, 31(4): 1-186.

EPA. 2002. 2000 — 2001 pesticide market estimates: usage. http://www.epa.gov/oppbead1/pestsales/01pestsales/usage2001. [2020-10-10].

Finch J M, Samways M J, Hill T R, et al. 2006. Application of predictive distribution modeling to invertebrates: odonata in South Africa. Biodiversity and Conservation, 15(13): 4239-4251.

IPCC. 2007. Climate Change 2007: Synthesis Report. Geneva, Switzerlamd.

Lawson B E, Day M D, Bowen M, et al. 2010. The effect of data sources and quality on the predictive capacity of CLIMEX models: an assessment of *Teleonemia scrupulosa* and *Octotoma scabripennis* for the biocontrol of Lantana camara in Australia. Biological Control, 52(1): 68-76.

Lawton J H. 1995. The response of insects to environmental change//Harrington R, Stork N E. Insects in a Changing Environment. London: Academic Press.

LI Z Y, Lu M R. 1998. Temperature-dependent development of asian corn borer ostrinia furnacalis. Zoological Research, 19(5): 389-396.

Merrill R M, Gutiérrez D, Lewis O T, et al. 2008. Combined effects of climate and biotic interactions on the elevational range of a phytophagous insect. Journal of Animal Ecology, 77(1): 145-155.

Oerke E C, Dehne H W, Schohnbeck F, et al. 1996. Crop Production and Crop Protection: Estimated Losses in Major Food and Cash Crops. Amsterdam and New York: Elsevier.

Parmesan C, Yohe G. 2003. A globally coherent fingerprint of climate change impacts across natural systems. Nature, 421(6918): 37-42.

Pearson R G, Dawson T P. 2003. Predicting the impacts of climate change on the distribution of species: are bioclimatic envelope models useful? Global Ecology and Biogeography, 12(5): 361-371.

Pelini S L, Keppel J, Kelley A, et al. 2010. Adaptation to host plants may prevent rapid insect responses to climate change. Global Change Biology, 16(11): 2923-2929.

Sutherst R W, Maywald G F, Bottomley W, et al. 2004. CLIMEX-2 User, Guide. Melbourne: Hearne Scientific Software Pty Ltd.

Walther G R, Berger S, Sykes M T. 2005. An ecological 'footprint' of climate change. Proceedings of the Royal Society, Series B, 272(1571): 1427-1432.

Yonow T, Zalucki M P, Sutherst R W, et al. 2004. Modelling the population dynamics of the Queensland fruit fly, *Bactrocera(Dacus)tryoni*: a cohort-based approach incorporating the effects of weather. Ecological Modelling, 173(1): 9-30.

Ziska L H, Bunce J A. 2007. Predicting the impact of changing CO_2 on crop yields: some thoughts on food. New Phytologist, 175(4): 607-618.